Kohlenstaubfeuerungen
für ortsfeste Dampfkessel

Eine kritische Untersuchung
über Bau, Betrieb und Eignung

Von

Dr.-Ing. **Friedrich Münzinger**

Mit 61 Textfiguren

Berlin
Verlag von Julius Springer
1921

ISBN-13: 978-3-642-47249-7 e-ISBN-13: 978-3-642-47640-2
DOI: 10.1007/978-3-642-47640-2

Herrn Geheimen Baurat

Prof. Dr.-Ing. e. h.

Dr. phil. Georg Klingenberg

zum 50. Geburtstage

verehrungsvoll gewidmet.

Vorwort.

Bei dem infolge der Brennstoffnot allgemeinen Interesse an wärmetechnischen Neuerungen ist es nicht verwunderlich, daß auch Kohlenstaubfeuerungen für Dampfkessel, die in den letzten Jahren in Amerika bemerkenswert verbessert wurden, in Europa wieder steigende Aufmerksamkeit entgegengebracht wird. Der englische Fuel Research Board entsandte z. B. einen Sachverständigen zur Prüfung des Standes der Kohlenstaubfeuerungstechnik nach Amerika und machte seinen Bericht dem Publikum durch den Buchhandel zugänglich. In Deutschland sind nur ganz wenige Arbeiten, meist berichtender Art, über Kesselbeheizung mit Kohlenstaub erschienen. Aber auch die englischen und amerikanischen Veröffentlichungen sind großenteils nur Wiederholungen oder von interessierter Seite stammende Beschreibungen eines einzelnen Feuerungssystemes. Eine Arbeit, die Vor- und Nachteile verschiedener Bauarten kritisch gegeneinander und gegen mechanische Roste abwägt, ist mir wenigstens nicht bekannt geworden.

Eine systematische Darstellung und kritische Untersuchung der Aussichten von Staubfeuerungen besonders nach der betriebstechnischen und wirtschaftlichen Seite schien daher um so lohnender zu sein, als die Verfeuerung von Kohlenstaub unter Dampfkesseln ein Schulbeispiel dafür ist, welche Fehlschläge das einseitig theoretische Hervorheben gewisser wärmetechnischer Vorzüge von Kohlenstaub als Brennstoff zur Folge haben kann, wenn darüber zwingende Forderungen des Dampfkesselbetriebes übersehen werden und man sich von imaginären, im praktischen Betriebe gar nicht erzielbaren „Wirkungsgraden“ blenden läßt. Wenn das kleine Buch mit dazu beiträgt, unserer Industrie Kosten für aussichtslose Konstruktionen oder für unnütze Wiederholung bereits gemachter Versuche und Erfahrungen zu ersparen, so ist einer seiner Hauptzwecke erreicht.

Die Abhandlung ist in erster Linie für die Kreise der Praxis geschrieben. Der Leser wird verstehen, wenn in den kargen Mußestunden, die ein angestrengter Beruf läßt, manches vielleicht nicht so sorgsam ausgearbeitet wurde, wie es bei mehr Zeit wohl möglich gewesen wäre, er wird auch die Schwierigkeiten der kritischen Untersuchung einer Feuerung zu würdigen wissen, die in Deutschland in Verbindung mit Dampfkesseln nicht im Betriebe ist und über die fast keine Veröffentlichung vorliegt.

Besonderer Wert wurde auf möglichst sorgfältige und maßstäblich richtige Zeichnungen gelegt. Viele Unterlagen mußten daher von Grund aus umgearbeit werden.

Dem Verlag bin ich für die tatkräftige Unterstützung sehr verpflichtet, die die Fertigstellung des Buches in nicht ganz 3 Monaten nach Beginn der Niederschrift des Manuskriptes ermöglichte.

Berlin, November 1920.

Münzinger.

Inhaltsverzeichnis.

I. Einleitung.

Der Gedanke, pulverförmig zermahlene Kohle mit Luft durchmischt zu verbrennen, ist nicht neu. In England wurde auf Kohlenstaubfeuerungen bereits im Jahre 1831 ein Patent genommen. Crampton war aber der erste, der einen Ofen mit Kohlenstaubfeuerung gebaut und mit Erfolg betrieben hat (etwa um 1870). In Deutschland wurden entsprechende Versuche um das Jahr 1890 aufgenommen, haben aber die gehegten Erwartungen nicht erfüllt. Es wurden zwar z. T. recht günstige Wirkungsgrade erzielt, trotzdem vermochten sich Kohlenstaubfeuerungen nicht durchzusetzen, da bereits bekannte, einfachere Feuerungen fast ebenso günstig arbeiteten, ohne die betriebstechnischen Nachteile von Staubfeuerungen aufzuweisen. Außer der Herstellung des feinen Kohlenpulvers, die vielfach mit unzulänglichen Mitteln bewirkt wurde, machten besonders das feuerfeste Mauerwerk der Kessel und das Anheizen Schwierigkeiten. Es überrascht heute nicht mehr, daß jenesmal hinsichtlich Wärmeausnutzung und Betriebssicherheit nur Flammrohr- und ähnliche Kessel mit Innenfeuerung bei Beheizung mit Kohlenstaub einigermaßen befriedigten, während bei Schrägrohrkesseln Mauerwerk und Rohre stark angegriffen wurden und die Wärmeausnutzung recht mangelhaft ausfiel. Beim jenesmaligen Stand der Entwicklung war die Bemerkung von Haier „Die Anwendung von Kohlenstaubfeuerungen dürfte sich überhaupt im wesentlichen auf Flammrohrkessel beschränken. Bei allen anderen Kesselbauarten, namentlich auch bei Wasserrohrkesseln, ergeben sich mehr oder weniger Schwierigkeiten“ durchaus berechtigt. Gegen das Jahr 1900 kamen dann einige mechanische Roste auf, darunter der Kettenrost, die eines der schwerwiegendsten Argumente gegen Roste, die Rauchentwicklung, fast völlig beseitigten. Damit entfiel ein Faktor, der weit über seine technische Bedeutung hinaus für die Propagierung von Staubfeuerungen in der Öffentlichkeit überaus zugkräftig gewesen war.

Es ist hauptsächlich das Verdienst Bettington's, die für einwandfreie Verbrennung von Kohlenstaub unter Dampfkesseln maßgebenden Gesichtspunkte zuerst klar erkannt und in außerordentlich geschickter Weise der praktischen Ausnutzung zugänglich gemacht zu haben. Seinen zähen Bemühungen ist es auch in erster Linie zuzuschreiben, daß trotz der früheren, schweren Mißerfolge die Versuche mit Kohlenstaubfeuerungen — wenigstens im Ausland — nicht ganz abgebrochen wurden und zu den heute besonders in Amerika schon ziemlich verbreiteten, betriebsbrauchbaren Konstruktionen geführt haben. Es ist bedauerlich und hauptsächlich durch die früheren Mißerfolge zu erklären, daß die deutsche Dampfkesselindustrie an dieser Entwicklung nicht teilgenommen hat, wurde doch von englischer und amerikanischer Seite noch in der letzten Zeit öffentlich anerkannt, daß besonders deutsche Firmen hervorragende Mahlvorrichtungen für die Aufbereitung von Kohlenstaub schon seit Jahren liefern.

Nach neueren Mitteilungen wurden im Jahre 1916 in Amerika folgende Kohlenmengen in Staubfeuerungen verheizt:

Zementindustrie	6	Millionen t
Eisen- und Stahlwerke	2	„ „
Kupferhütten	1 bis 1,5	„ „
Energieerzeugung	0,1 „ 0,2	„ „
Summe	9,1 bis 9,7	Millionen t

Eine englische Quelle gibt die Gesamtmenge mit 12 Millionen t, eine andere amerikanische mit 12 bis 15 Millionen t und die Zahl der amerikanischen Anlagen mit 250 an. Wenngleich diese Angaben nicht unwesentlich auseinandergehen, so zeigen sie doch, daß die Verfeuerung von Kohlenstaub in der metallurgischen und keramischen Industrie Amerikas große Bedeutung erlangt hat, gegen welche Kraftwerke freilich noch weit zurückbleiben. Trotzdem sind mit Rücksicht auf die kurze Entwicklungszeit von Kohlenstaubfeuerungen für Dampfkessel und auf die Störung durch den langen Krieg die erzielten Erfolge auch in Wärmekraftwerken recht ermutigend.

Die Frage liegt nahe, weshalb Kohlenstaubfeuerungen in der Energieerzeugung im Gegensatz zu Zementfabriken bisher so wenig Eingang gefunden haben. Hieran ist außer Vorteilen der Kohlenstaubfeuerungen gegenüber Rosten, die in der Fabrikation begründet sind und im gleichen Maße bei Dampfkesselbeheizung nicht zur Geltung kommen, hauptsächlich der Umstand schuld, daß es sich in der Zementindustrie um die Erzeugung einer annähernd konstanten Wärmemenge bei hohen Temperaturen handelt in einem für die Bildung und das Ausbrennen der Flamme besonders geeigneten Raume. Ferner entfallen Schwierigkeiten, wie sie z. B. durch vorzeitiges Auftreffen der Flamme auf die kalte Heizfläche eines Kessels entstehen. Auch in der Gestaltung des Verbrennungsraumes ist man bei Dampfkesseln weit mehr beschränkt. Die Feuerraumtemperaturen sind infolge der Belastungsschwankungen von Kraftwerken schnellem Wechsel unterworfen und beanspruchen dadurch die Haltbarkeit der Ausmauerung stark.

Zuschläge und Herstellung feuerfester Steine richten sich im wesentlichen nach den Anforderungen, die hinsichtlich Feuerbeständigkeit

(Schmelzpunkt), Raumbeständigkeit und Widerstandsfähigkeit gegen raschen Temperaturwechsel und gegen den chemischen Angriff der Asche und Schlacke gestellt werden. Ein Stein läßt sich um so widerstandsfähiger gegen eine dieser Einwirkungen ausführen, je weniger auf die übrigen Rücksicht genommen zu werden braucht. Während nun bei Zementöfen hauptsächlich Feuerbeständigkeit und Unempfindlichkeit gegen chemischen Angriff eine Rolle spielen, kommt bei Dampfkesselfeuerungen noch die hohe Beanspruchung durch raschen Temperaturwechsel hinzu. An die Haltbarkeit feuerfester Steine werden daher bei Dampfkesseln wesentlich höhere Anforderungen als in Zementöfen gestellt. Die Einmauerung von Kesseln mit Staubfeuerungen wird aber auch höher beansprucht als bei handbedienten oder mechanischen Rosten, weil der ganze Gehalt an Unverbrennlichem in (geschmolzenem), äußerst fein verteiltem Zustand in der Flamme schwebt und in die feinen Risse der Steine leichter eindringen und dort seine auflösende Wirkung geltend machen kann als die kompakte Schlacke oder die meist nicht geschmolzene, grobkörnige Flugasche bei Rosten. Hierzu kommt noch der Umstand, daß bei den meisten Systemen von Staubfeuerungen aus später zu erörternden Gründen höhere Feuerraumtemperaturen als bei Rosten auftreten. Auch Stapelung und Transport des Kohlenstaubes werden — wenigstens in größeren Kraftwerken — wohl unangenehmer als in Zementfabriken empfunden.

Endlich paßt der ganze Aufbereitungsprozeß des Kohlenstaubes in den Fabrikationsgang von Zementfabriken, während er in Kraftwerken ein unbekanntes, neuartiges Element bildet. Auch rein fabrikationstechnisch sind Kohlenstaubfeuerungen in der Zementindustrie weit vorteilhafter als Roste. Zahlreiche mechanische Feuerungen für Dampfkessel haben aber auch bei schwacher Belastung einen so hohen Wirkungsgrad, daß bei Dampfkesseln von einer Überlegenheit der Staubfeuerungen lange nicht im selben Maße wie bei Zementöfen gesprochen werden kann.

Faßt man alle diese Punkte zusammen, so wird verständlich, daß Staubfeuerungen in Kraftwerken nicht die Verbreitung gefunden haben wie in anderen Industrien. *Man wird mit ziemlicher Wahrscheinlichkeit annehmen dürfen, daß sie trotz ihrer Vorzüge auch in Zukunft nicht die Bedeutung wie in der Zement- und metallurgischen Industrie erlangen werden.*

Zur Zeit gibt es etwa 8 bis 10 betriebsfähige Systeme von Kohlenstaubfeuerungen für Dampfkessel. Ihre Vielgestaltigkeit erschwert zunächst den Überblick, um so mehr als Kataloge und Veröffentlichungen in der Fachpresse manche Einzelheiten als wichtig und wesentlich hinstellen, die nur untergeordnete Bedeutung haben und darüber das mehreren Systemen Gemeinsame und Wichtige häufig übersehen. Auch werden noch heute Konstruktionen in aller Breite beschrieben, die nie zur Ausführung gelangt oder nicht mehr marktfähig sind und oft sämtliche Mängel einer längst entschwundenen Periode aufweisen.

Man tut gut, bei der Betrachtung von Kohlenstaubfeuerungsanlagen für Dampfkessel zu unterscheiden zwischen den Vorrichtungen für

1. Aufbereitung,
2. Transport und
3. Verbrennung des Kohlenstaubes.

(Nachgiebigkeit gegen Metallstücke durch Abstützung einer Walze mittels nachstellbarer Spiralfedern.)

Fig. 1. Brecher mit Stachelwalzen für Rohkohle.

Die einzelnen Glieder eines Systemes hängen oft nur lose zusammen und können unbeschadet der Brauchbarkeit einer Anlage manchmal ebenso gut durch das betreffende, einem anderen System entstammende Organ ersetzt werden. Dies gilt z. B. für die Transportvorrichtungen fast allgemein, weniger allerdings für den wesentlichsten Teil der Aufbereitungsanlagen, die Mühlen. Ihre Bauart wird insofern von den Verbrennungsvorrichtungen entscheidend beeinflußt, als gewisse Dampfkessel eine besonders feine Zermahlung verlangen. Außer der Art der Verbrennung ist für den Aufbau der Aufbereitungsvorrichtungen maßgebend, ob der Kohlenstaub aufgestapelt oder unmittelbar verfeuert werden soll. Ist ersteres der Fall und werden — was dann so gut wie stets zutrifft — normale Dampfkessel verwendet, so müssen an die Aufbereitung weit höhere Anforderungen gestellt werden.

Würde man Kohle im grubenfeuchten Zustand vermahlen und dann stapeln, so wäre mangelhafte Verbrennung oft unvermeidlich, weil der äußerst feine Kohlenstaub bei Anwesenheit von Feuchtigkeit leicht zu kleinen Klümpchen zusammenbackt, die der Verbrennungsluft zu wenig Oberfläche bieten und sich unverbrannt im Feuerraum oder in den Zügen unter sehr lästigen Begleiterscheinungen absetzen. Aber auch manche Transportvorrichtungen würden sich schnell verstopfen. Selbst die Stapelung getrockneten Kohlenstaubes in luftdicht schließenden Behältern kann in besonderen Fällen Schwierigkeiten verursachen. So ist z. B. ein Fall bekannt geworden, wo infolge der Stöße eines benachbarten Schmiedehammers sich sehr unangenehme feste „Brücken" in den Bunkern bildeten, gegen die man sich durch federnde Aufhängung der Bunker zu schützen suchte.

II. Aufbereitungsanlage.

a) Vorbehandlung der Kohle. Brecher, Eisenausscheider, Kohlentrockner.

Hat die Kohle mehr als 1″ Korn, so wird sie vom Eisenbahnwagen oder dem sonstigen Transportmittel aus zweckmäßiger Weise in einen Brecher gestürzt, der sie vorbricht, Fig. 1. Kohlenbrecher machen bis 120 Umdrehungen/min, haben eine Leistung von 8 bis 25 t/st und einen Kraftbedarf von 0,5 bis 1,5 KWst/t. Eisenstückchen, Schrauben usw. entfernt ein Magnetausscheider, Fig. 2. Die Kohle wird dann bei den meisten Systemen einem Trockner zugeführt, der aus einer einfachen oder doppelwandigen von einer besonderen Feuerung be-

(Magnet in Umlenkrolle eines Gurtförderers eingebaut.)
Fig. 2. Magnetischer Eisenausscheider.

heizten Drehtrommel besteht. Für die Trockner werden mit Vorliebe Handfeuerungen benutzt. Es geschieht dies wohl nicht nur wegen ihrer großen Einfachheit, sondern auch deshalb, weil es ziemlich gleichgültig ist, mit welchem Luftüberschuß gefeuert wird, falls nur die Feuerraumtemperaturen für restlose Verbrennung genügen. Da mit Rücksicht auf das ziemlich empfindliche Trockengut bestimmte Temperaturen nicht überschritten werden dürfen, muß den Verbrennungsprodukten der meisten Trockenfeuerungen ohnehin Luft zugesetzt werden, es hat daher im Gegensatz zu Dampfkesselfeuerungen wenig zu sagen, wenn die Feuerung nach üblicher Auffassung „schlecht", d. h. mit niederem CO_2-Gehalt arbeitet. Die Abgase umspülen meist den Mantel der Trommel, durch die die Kohle niederrieselt, treten an

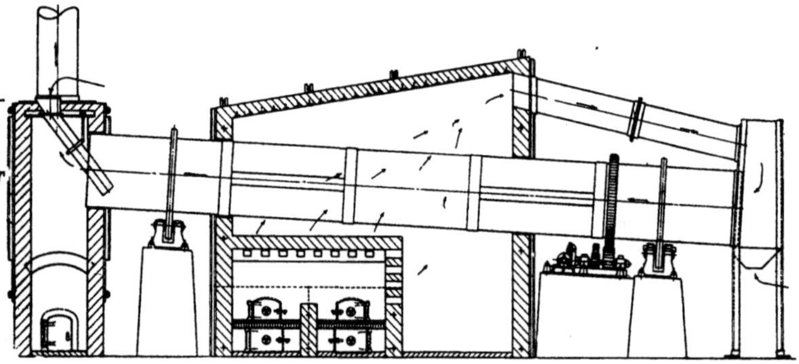

M. ∾ 1:160.

Fig. 3. Kohlentrockner, Bauart Fuller.

ihrem unteren Auslauf in die Trommel ein und durchströmen sie im Gegenstrom zum Trockengut (Fig. 3).

Bei anderen Konstruktionen wandert das Trockengut durch einen Ringmantel, die Gase ziehen dann nach Beheizung des Außenmantels durch den Kern der Trommel zurück, Fig. 4. Rein betriebstechnisch besteht wohl kein großer Unterschied zwischen beiden Bauarten, in konstruktiver Hinsicht ergeben sich aber nicht unwesentliche Verschiedenheiten, die besonders in der Durchbildung des Ein- und Auslaufes der Kohle und der Lagerung der Trockentrommel zum Ausdruck kommen. Die ausgetriebenen Wasserdämpfe werden mit den Heizgasen oder mit Luft gemischt durch eine Staubkammer hindurch mittels Schornstein- oder Ventilatorzug abgesaugt; der ausgeschiedene Kohlenstaub wird durch Schnecken abgezogen und der Trockenkohle zugeführt, Fig. 4. Die Flamme berührt also das Trockengut nicht unmittelbar. Die Heizgase werden zweckmäßigerweise so geleitet, daß die höchsten Gastemperaturen mit der kältesten Kohle zusammentreffen und umgekehrt, weniger um mit möglichst kleinen Trocknern auszukommen, als zur Vermeidung örtlicher Überhitzung. Natürlich können die Trockner auch mit mechanischen Rosten oder mit Staubbrennern ausgestattet werden. Man sollte aber — wenigstens bei kleineren Anlagen — lieber einen etwas höheren Kohlenverbrauch in Kauf nehmen, statt die ohnehin nicht ganz einfache Vorrichtung unnütz zu verwickeln.

Die Heizwirkung wird nach der Temperatur der getrockneten Kohle geregelt, die 120° C nicht übersteigen soll, da sonst eine Überhitzung und Entflammung erfolgen könnte. Die Beheizung wird allgemein durch Zuführung von Frischluft zu den Heizgasen geregelt. Die Trocknung der Kohle ist der empfindlichste Teil der ganzen Anlage, da,

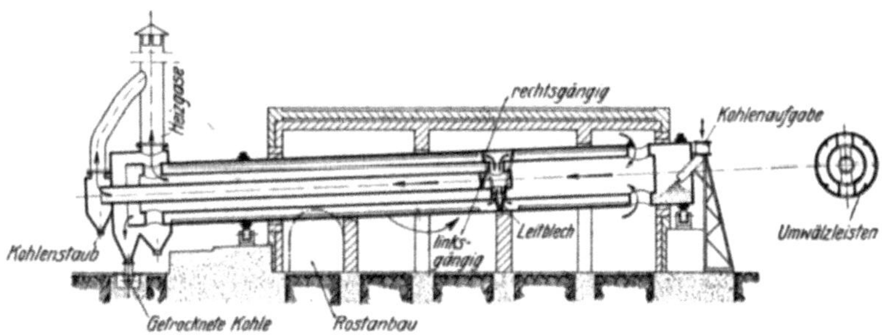

(In das Absaugrohr gefallene Kohle wird durch eingebaute, linksgängige Schraubenwindung wieder in Ringmantel geworfen.)

M. ∾ 1:200.

Fig. 4. Kohlentrockner von Krupp-Grusonwerk.

wie gesagt, einerseits Überhitzung vermieden, andererseits die Kohle aber auf etwa 0,5 v. H. heruntergetrocknet werden muß. Insbesondere bei wechselnder Kohlenbeschaffenheit ist scharfe Aufmerksamkeit erforderlich, sonst leidet das ununterbrochene, gleichmäßige Arbeiten der Kohlenmühlen. Hierzu tritt noch der Umstand, daß es — wenigstens in ausgedehnteren Anlagen — leichter ist, die Kohle weitgehend zu trocknen, als auf niederem Feuchtigkeitsgehalt zu erhalten. Bei unzweckmäßigen Bauarten können z. B. die erwärmten, stark wasserhaltigen Trockengase aus dem Trockner in den Vorratsbehälter für die getrocknete Kohle nachströmen und dort infolge Abkühlung einen Teil der entzogenen Feuchtigkeit wieder abgeben. Entlüftung des Bunkers und der höchsten Stellen des Verteilsystems beugen etwaiger Durchfeuchtung vor. Braunkohle und Lignite brauchen nicht so weitgehend getrocknet zu werden, eine Trocknung auf 5 bis 7 v. H. reicht aus.

Die Trommeln haben 900 bis 2000 mm Durchmesser, sind 6000 bis 13 000 mm lang, trocknen stündlich 2 bis 25 t Rohkohle von weniger als 10 v. H. Wassergehalt und machen etwa 5 Umdrehungen/min. Der Kraftbedarf einer Trockentrommel von 1200 m l. W. und 9000 mm Länge soll bei einer Stundenleistung von 4 bis 5 t Kohle etwa 5,5 KW betragen. Eine andere Stelle gibt den Kraftbedarf der Trocknerei je nach ihrer Leistung zu 1 bis 6 KWst/t an. Die Leistung hängt sehr vom Wassergehalt und den sonstigen Eigenschaften einer Kohle ab, sie soll bei 1 v. H. Feuchtigkeit der Rohkohle fünfmal größer als bei 15 v. H. sein.

Fig. 5 zeigt die stündliche Leistung von Trocknern für verschiedene Größen des Kohlenverbrauches (150 bis 900 kg/st und des Feuchtig-

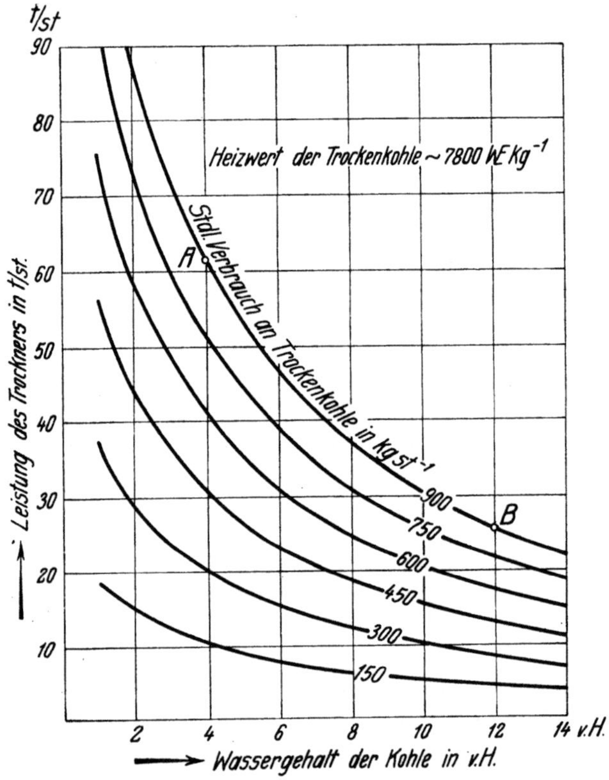

Fig. 5. Brennstoffverbrauch von Trocknern in Abhängigkeit vom Wassergehalt der Rohkohle.

keitsgehaltes, 1 bis 14 v. H.) bei Verfeuerung von Kohle von 7800 WE/kg Heizwert. Der Kohlenverbrauch hängt etwas von der Größe der Anlage ab und nimmt mit steigender Feuchtigkeit zu.

Der Wirkungsgrad der Trockner, soweit von einem solchen gesprochen werden kann, ist auf Grund des Schaubildes etwa 25 bis 30 v. H.

Eine andere Quelle gibt an, daß zum Trocknen von Kohle von 15 v. H. Wassergehalt 2 v. H. der zu trocknenden Menge für die Beheizung des Trockners benötigt werden. Diese Menge, die weit kleiner als die auf Grund von Fig. 5 zu erwartende ist, erscheint auffallend gering. Immerhin sollte man annehmen dürfen, daß sich die Wirkung der Kohlentrockner über die Werte von Fig. 5 hinaus noch wesentlich verbessern läßt, wenigstens in Fällen, wo — wie in Kraftwerken — der Kohlenverbrauch eine entscheidende Rolle spielt.

b) Zermahlen der Kohle. Kohlenmühlen, Sortierung.

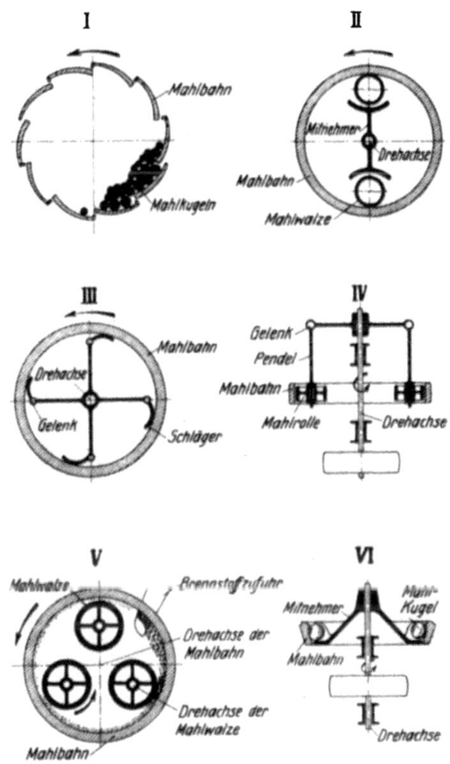

Es arbeiten nach
I. Zementor-, Eintrommel-, Solo- und Verbundmühlen.
II. Bonnot-Mühle.
III. Bettington- und Aero-Mühle.
IV. Raymond-Mühle.
V. Dreiwalzenmühlen von Gebr. Pfeiffer und Krupp-Grusonwerk.
VI. Roulette- und Fuller-Mühle.

Fig. 6. Schema der Arbeitsweise verschiedener Mühlenbauarten.

Aus den Trocknern gelangt die Kohle in Sammelbunker, von wo sie den Kohlenmühlen entweder durch Schnecken oder mit natürlichem Gefälle zugeführt wird. Die Mühlen sind sehr verschiedenartig gebaut. Sieht man von der Verwendung des Kohlenstaubes für Dampfkesselbefeuerung zunächst ab, wo amerikanische Konstruktionen infolge des ganzen Entwicklungsganges überwiegen, so gibt es zwei Hauptbauarten:

1. Langsam laufende Mühlen, die vorzugsweise in Deutschland gebaut werden;
2. schnell laufende Mühlen, die in Amerika und England vorherrschen.

Die Mahlwirkung beruht entweder auf der Zermalmung durch den Stoß und das Eigengewicht fallender Körper oder durch den Druck, den umlaufende Organe durch Eigengewicht, Zentrifugal- oder Federkraft auf die Mahlbahn ausüben. Die Stoßwirkung fallender Körper kommt in den Kugel- und Rohrmühlen zur Anwendung, die aus einem mit Stahlkugeln bzw. Flintsteinen gefüllten Drehzylinder bestehen. Die Mahlkörper wandern mit dem Mahlgut in der Drehrichtung an der Zylinderwand hoch, fallen auf einer bestimmten Höhe frei in den Mahlraum zurück und zerdrücken und zerquetschen die Kohle, I in Fig. 6. Dieses Verfahren bedingt verhältnismäßig geringe Umfangsgeschwindigkeit der Mahlbahn. Da der Durchmesser der Trommel ziemlich groß sein muß, erhält man langsamlaufende, schwere, aber sehr einfache, wirksame und betriebssichere Mühlen, die sogenannten Langsamläufer.

Bei Schnelläufern wird der erforderliche Mahldruck entweder durch entsprechend schwere Mahlkörper oder durch hohe Umlaufszahlen oder durch Unterstützung beider durch Federkraft hervorgerufen. Die zahlreichen Bauarten von Schnelläufern unterscheiden sich hauptsächlich dadurch voneinander, von welchem Mahlmittel sie Gebrauch machen und auf welche Weise sie die zermahlene Kohle auf die erforderliche Feinheit sortieren. Bei Schnelläufern ist außer guter Mahlwirkung,

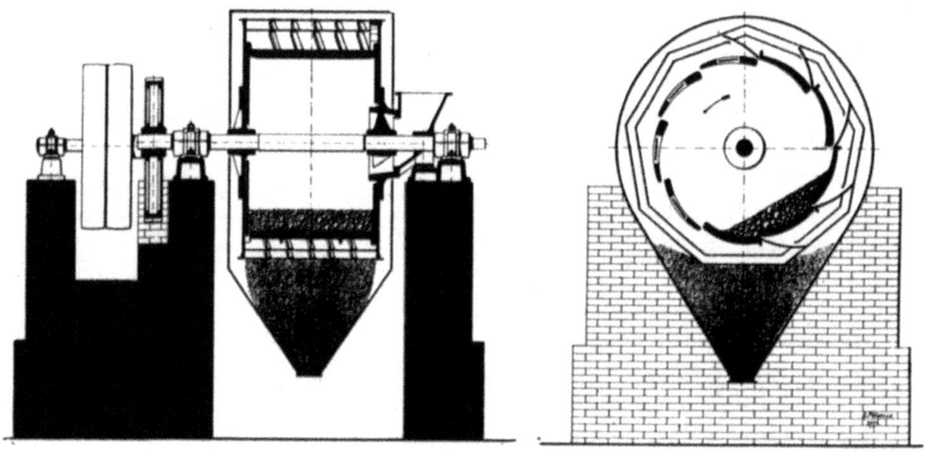

Fig. 7. Zementor-Mühle von G. Polysius, Dessau.

kleinem Kraftbedarf, Einfachheit und Betriebssicherheit ruhiger Gang äußerst wichtig, der auch bei stark abgenutzten Mahlkörpern gewahrt bleiben muß.

1. **Langsamläufer.** Zu den langsam laufenden Mühlen gehören die Kugel- und Rohrmühlen. Ihre Mahlfläche ist weit größer als bei Schnelläufern, sie haben daher geringeren Verschleiß und brauchen weniger Wartung. Sie werden besonders in Betrieben, wo der Platzbedarf keine entscheidende Rolle spielt und wo keine geschulten Schlosser zur Verfügung stehen, trotz ihres größeren Kraftverbrauches und ihrer höheren Kosten bevorzugt. Diese Überlegenheit und die erreichbare außerordentliche Feinheit des Mahlgutes wird auch von den Amerikanern anerkannt. Da das gute Arbeiten der Mühlen von der gleichmäßigen Kohlenzufuhr abhängt, empfehlen sich selbsttätige Beschickungsapparate.

Die Zementor-Mühle der Firma Polysius hat im Gegensatz zu andren Kugelmühlen Mahlplatten ohne Löcher, die eine mit der Achse konzentrische, stufenförmig abgesetzte Mahlbahn bilden, Fig. 7. Bei Drehung der Mahltrommel fallen die Kugeln von Stufe zu Stufe und zerschlagen und zerreiben die Kohle, während sie die Mühle von der Einwurf- zur Ausgußseite durchläuft. Genügend ausgemahlene Kohle fällt zwischen den Stufenplatten hindurch auf Siebe, auf denen schraubenförmig gewundene Leiteisen so angeordnet sind, daß das Mahlgut nach der Einlaufseite zurückwandern muß, wobei feine Grieße durchgesiebt werden. Siebrückstände werden durch Rücklaufkanäle wieder dem Mahlraum zugeführt. Die Kohle durchwandert also bis zu ihrer völligen Ausmahlung immer wieder einen Kreislauf, Fig. 7. Aus der Zementor-Mühle kommen

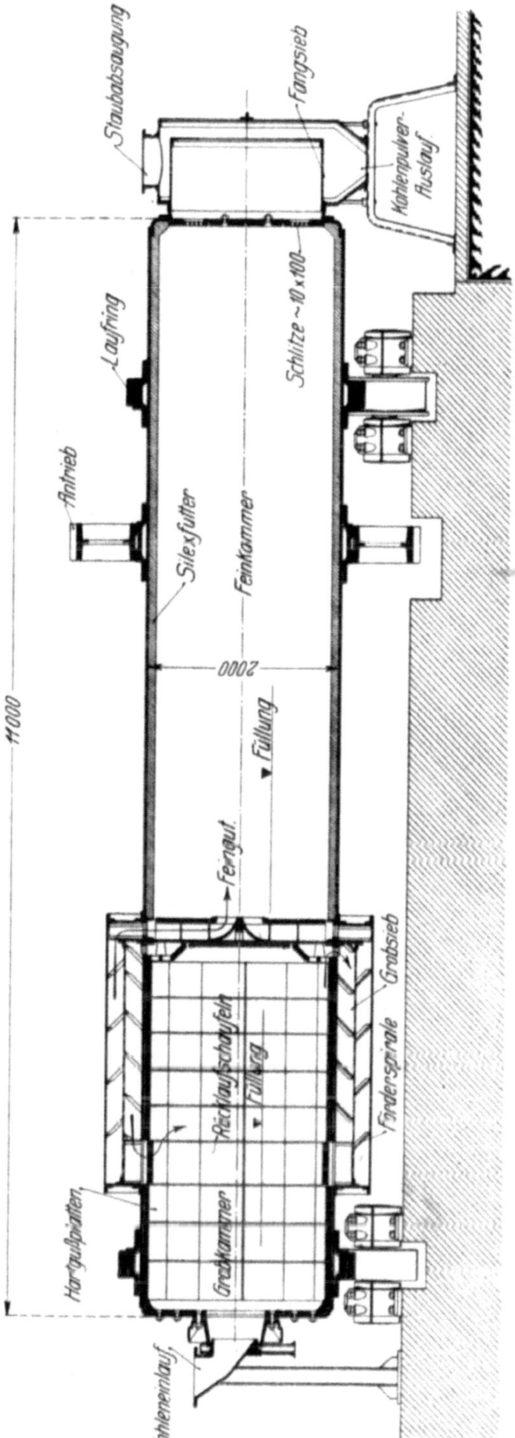

M. ∾ 1:75 — Fig. 8. Schnitt durch Solo-Mühle von G. Polysius, Dessau.

die Kohlengrieße zu Rohrmühlen, welche sie zu feinstem Staub weiter verarbeiten. Diese Anordnung erfordert teure Fundamente und eine Umladung des Mahlgutes, die bei Solo-Mühlen vermieden wird. Sie bestehen aus einer auf Laufringen drehbaren Blechtrommel, die durch eine Wand in den Vorschrotraum k (Grobkammer), Fig. 8 u. 9, und den Feinmahlraum unterteilt ist. Der Vorschrotraum enthält Stahlkugeln und ist mit gehärteten Stahlplatten gepanzert, der Feinmahlraum hat ein Silexfutter und als Mahlmittel Flintsteine. Ein Sieb mit Leitschaufeln und ein Blechmantel umhüllen die Grobkammer. Die zu Grieß ausgemahlene Kohle fällt am Ende der ersten Kammer durch Schlitze auf das Sieb. Zu grobe Teile werden ähnlich wie in der Zementor-Mühle durch Rücklaufschaufeln in die Vorschrotkammer zurückgeführt; der Siebdurchfall wandert nach der Feinmahlkammer. Die Ausmahlung wird um so feiner, je mehr sich das Mahlgut dem Auslauf der Feinkammer nähert. Die Sortierung in der Feinkammer erfolgt aber nicht durch Siebe, sondern durch Veränderung der zugeführten Kohlenmenge. Die günstigste Umlaufzahl einer Rohrmühle

Fig. 9. Solo-Mühle von G. Polysius, Dessau.
(Rechts Einlauf der Trockenkohle, links Auslaufkammer für Kohlenpulver mit Abzug für Belüftung.)

hängt vom Charakter des Mahlgutes und der verlangten Korngröße des Staubes ab, sie liegt je nach dem Durchmesser der Mahltrommel bei Steinkohle etwa zwischen 20 und 27 minutlichen Umdrehungen. Die Solo-Mühle hat den großen Vorzug äußerster Einfachheit. Infolge des geschlossenen Transportweges für den Kohlenstaub ist ihr Betrieb sehr sauber und die Gefahr von Explosionen oder Staubbränden gering. Solo-Mühlen vermeiden Halslager durch Lagerung auf auswechselbaren Laufringen und Stahlgußrollen. Da Lager und Gelenke nicht im Kohlenstaub liegen, ist die Abnutzung beweglicher Teile klein. Reparaturen im Innern der Trommel, die an sich nur einfacher Natur sind, werden durch gute Zugänglichkeit erleichtert.

Bei der Eintrommelrohrmühle des Krupp-Grusonwerkes wird das vorgeschrotete Gut durch eine eigenartige Trennwand von der Grobkammer in die Feinkammer geleitet. Die Siebe sitzen an den Einläufen der Übergangskanäle, Fig. 10. Krupp-Grusonwerk baut auch Verbundmühlen mit getrennten, von einem gemeinsamen Stirnradvorgelege angetriebenen

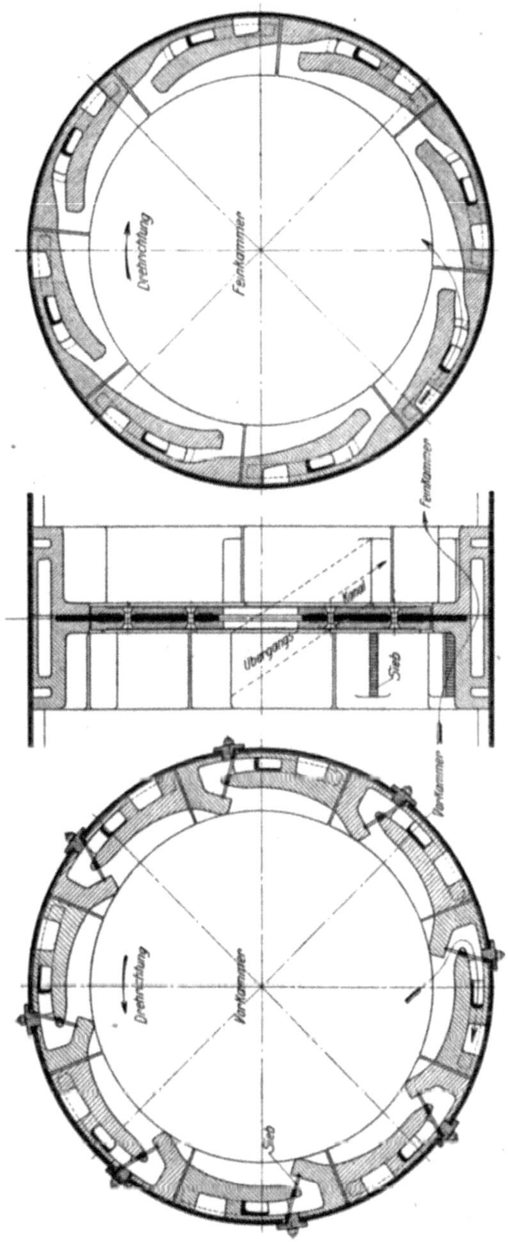

M. ∾ 1:25.

Fig. 10. Zwischenboden mit Übergangskanälen in Eintrommelrohrmühle von Krupp-Grusonwerk.

Grob- und Feintrommeln mit parallelen Achsen, die wesentlich mehr Platz brauchen als Eintrommelmühlen. Sie sind aber besonders einfach und zuverlässig und könnten bei stark steinhaltigen Kohlen insofern Vorteile bieten, als sich ein großer Teil der Verunreinigungen vor Eintritt des Mahlgutes in die Feinkammer ausscheiden läßt und nicht weiter zermahlen zu werden braucht. Dadurch würde nicht nur der Kraftbedarf der Mühlen geringer und ihre Leistungsfähigkeit und Lebensdauer größer werden, sondern es wären auch manchmal kleinere Schwierigkeiten mit Schlackenbildung bei der Verbrennung zu gewärtigen. Die Rohrmühlen des Grusonwerkes haben im Gegensatz zu Solo-Mühlen Halslager.

(Links: Roulette-Mühlen, rechts: stehende Motoren. Antrieb durch horizontale Riemen. Oberhalb der Mühlen Ausläufe des Kohlenbunkers.)

Fig. 11. Batterie von 3 Roulette-Mühlen von Amme, Giesecke & Konegen.

Die Größe der Kugeln richtet sich nach Härte und Korngröße der aufgegebenen Kohle und nach der verlangten Feinheit des Kohlenpulvers. Für sehr feinen Kohlenstaub sind kleinere Kugeln erforderlich als für eine mehr grießähnliche Ausmahlung. Die Kugeln werden in passenden Zwischenräumen ersetzt. Mahlgeräusch und Nachwägen der Kugelfüllung zeigen an, wann Ersatz nötig ist.

2. **Schnelläufer.** Schnelläufer unterscheiden sich voneinander durch die Durchbildung des Mahlmittels und die Art der Sortierung der gemahlenen Kohle. Die verschiedenen Mahl- und Sortierverfahren hängen im allgemeinen nur lose zusammen, deshalb benutzen auch manche Mühlenbauarten verschiedene Sortierverfahren. Das Kohlenpulver wird entweder mit Sieben oder durch „Windsichtung" sortiert. Bei Windsichtung wird die gemahlene Kohle von einem Luftstrom hochgehoben,

feines Kohlenpulver bleibt in der Luft schwebend, bis es in besonderen Vorrichtungen abgesetzt wird, zu grobe Teilchen fallen aus dem Luftstrom heraus und wieder in die Mühle zurück. Beide Verfahren haben Vor- und Nachteile. Siebe geben eine größere Gewähr dafür, daß die gewünschte Korngröße nicht überschritten wird, sind aber Verschleiß ausgesetzt und im allgemeinen nur für vorgetrocknete Kohle empfehlenswert. Windsichtung ist einfacher und kann auch für nicht ganz trockene Kohle verwendet werden. Die Wirksamkeit von Windsichtern hängt von der Geschwindigkeit des Luftstromes ab. Bei wechselnder Geschwindigkeit ändert sich auch die Sortierung. Von einer grundsätzlichen Über-

Fig. 12. Mahlbahn, Mahlkugeln, Verteilschaufeln, Mitnehmer und Schleuderflügel einer Fuller-Mühle.

legenheit eines der beiden Verfahren kann kaum gesprochen werden, ihre Auswahl hängt teils vom Verwendungszweck einer Mühle, teils davon ab, welche Sortierung sich konstruktiv am besten für eine bestimmte Mühlenbauart eignet.

Bei sämtlichen Schnelläufern ist darauf Rücksicht zu nehmen, daß Metallstücke, die aus irgendeinem Grunde in die Mühle kommen, keine Zertrümmerungen verursachen. Die Mahlkörper erhalten daher durch pendelnde Aufhängung (III und IV in Fig. 6), durch Federn (V) oder durch Spielräume in den Mitnehmern (II und VI) eine gewisse Nachgiebigkeit gegen die Mahlbahn. Konstruktiv am einfachsten sind lose eingelegte Mahlkörper (II und VI). Mahlwalzen sollen sich jedoch, abgesehen von anderen Gründen, wegen der Unbalance, zu der sie neigen, wenig bewährt haben. Mahlkugeln verwenden mehrere bewährte Systeme, z. B. die Roulette-Mühle von Amme, Giesecke & Konegen,

Fig. 11, und die Fuller-Mühle der Fuller-Lehigh Co. Sie bestehen aus Spezialstahl und werden von einer wagerechten Mitnehmerscheibe in Umdrehungen versetzt. Die aufgegebene Kohle wird durch ein mit der Mitnehmerscheibe verbundenes Flügelkreuz gleichmäßig vor die Mahlkugeln gestreut, Fig. 12. Ventilatorflügel werfen in der Roulette-

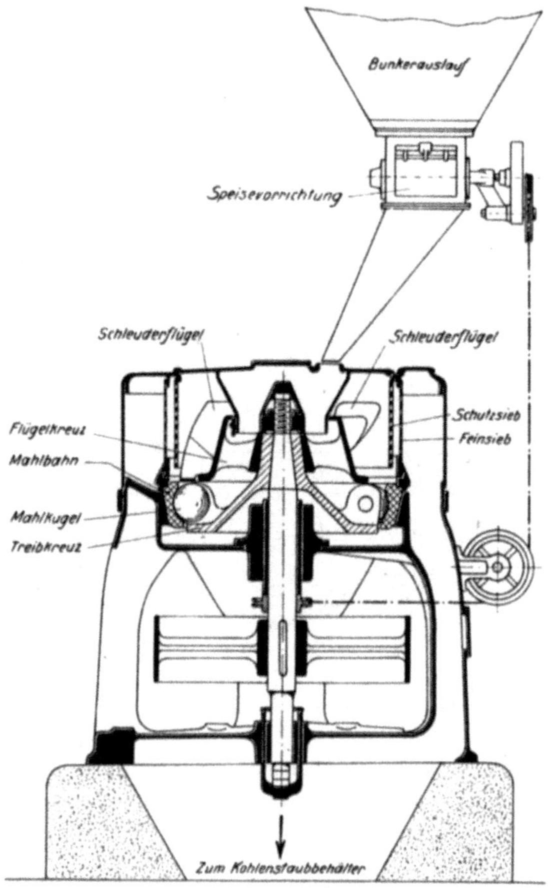

M. ∽ 1:35.

Fig. 13. Roulette-Mühle von Amme, Giesecke & Konegen, Braunschweig.

Mühle das mit Grießen durchsetzte Pulver gegen ein Schutzsieb, hinter dem das Feinsieb sitzt. Ausreichend feines Pulver gelangt durch das Feinsieb hindurch in den Ausguß, Grieße fallen in die Mühle zurück, Fig. 13. Die Fuller-Mühle hat Ventilatorflügel oberhalb der Mahlbahn, die feine Kohlenteilchen anheben und Ventilatorflügel unter der Mahlbahn, die den mit Luft vermischten Kohlenstaub durch Schutz und Feinsieb saugen und in den Abzug der Mühle schleudern. Die Suspensionsluft kühlt die Mahlkammer und ermöglicht auch die Ausmahlung nicht ganz trockener Kohle, Fig. 14. Im großen und ganzen ähneln sich die verschiedenen, mit Kugeln arbeitenden Schnelläufer, ein Ein-

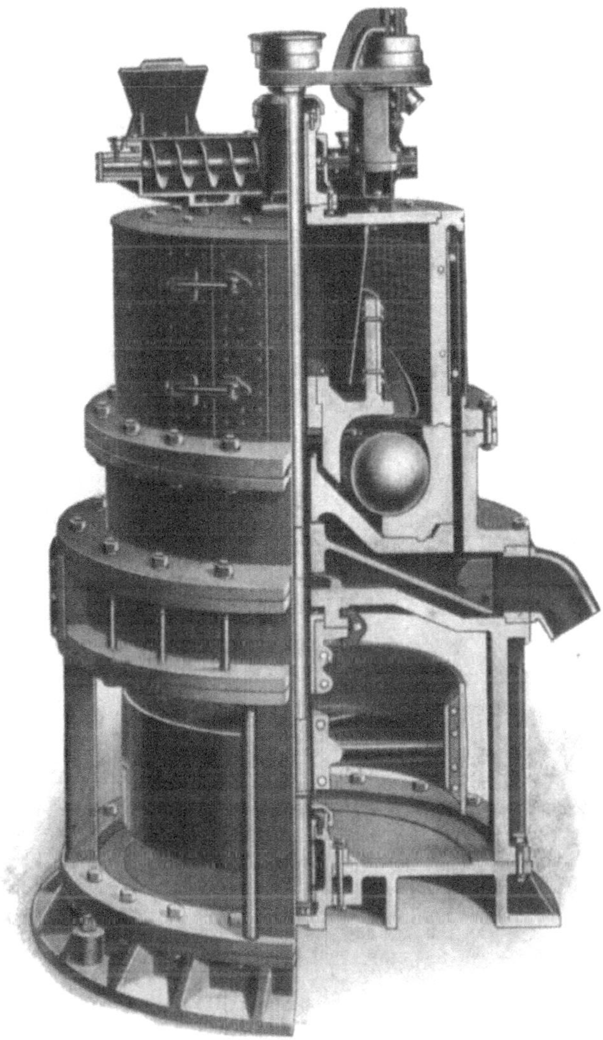

Fig. 14. Fuller-Mühle mit Siebsichtung.

gehen auf die konstruktiven Varianten würde zu weit führen. Zahlentafel 1 gibt die ungefähren Hauptabmessungen schnell laufender Kugelmühlen.

Zahlentafel 1.

Hauptabmessungen schnell laufender Kugelmühlen.

Gewicht einer Mühle	4000	bis	27 000	kg
Mahlleistung	0,5	„	10	t/st
Durchmesser der Mahlbahn	600	„	1500	mm
Zahl der Mahlkugeln	4	„	6	Stück
Kugeldurchmesser	200	„	350	mm
Umlaufzahl	150	„	450	min
Kraftbedarf	8	„	70	KW

Statt Kugeln werden auch Mahlwalzen verwendet, II in Fig. 6, der Gang solcher Mühlen soll mit zunehmender Abnutzung sehr unruhig werden. Um Unbalancen durch schwere, schnell rotierende, nicht ganz ausgeglichene Massen möglichst zu verhindern, verwenden manche Firmen verhältnismäßig leichte Walzen und erzeugen einen genügenden Mahldruck durch Federkraft. Bei der Dreiwalzenmühle von Gebrüder Pfeiffer, Barbarossawerke, Kaiserslautern werden z. B. die Walzen durch Blattfedern gegen den Mahlring gedrückt, Fig. 15. Eine der Walzen wird angetrieben und nimmt den Ring mit, der die übrigen Walzen antreibt. Die Kohle wird zwischen Mahlring und Walzen zermahlen, V in Fig. 6. Diesen Mühlen wird ein sehr ruhiger Gang zugeschrieben.

(Belastung der Mahlwalzen durch nachstellbare Blattfedern; rechts oben Einlauf für Trockenkohle, links Antriebscheibe.)

Fig. 15. Dreiwalzenmühle von Gebr. Pfeiffer, Kaiserslautern.

Bei der Raymond-Mühle sind die Mahlrollen pendelförmig aufgehängt und wälzen sich auf der Mahlbahn ab. Meist werden 2 bis 4 Pendel verwendet.

Einige Mühlen, wie z. B. die Aero- und Bettington-Mühle, verwenden zahlreiche, gelenkig aufgehängte Schläger, III in Fig. 6. Infolge des kleinen Schlägergewichtes muß sich die Mühle zur Erzielung eines ausreichenden Mahldruckes sehr schnell drehen. Da bei Schnelläufern die Mahlfläche weit kleiner als in Rohrmühlen ist, ist ihr Verschleiß wesentlich größer. Die Brauchbarkeit von Schnelläufern hängt daher sehr davon ab, ob sie kräftig durchgebildet sind, ob die der Abnützung unterworfenen

Teile rasch und ohne große Kosten ausgewechselt werden können und ob sie aus einem billigen und trotzdem widerstandsfähigen Baustoff bestehen.

Die Aufgabevorrichtungen werden mittels Riemen- oder Zahnradübersetzung von der Hauptachse der Mühle aus angetrieben, Fig. 13, 14, 16, 17, 20, 22. Die Regelvorrichtungen für die zugeführte Kohle sind sehr verschiedenartig durchgebildet.

Die Sortierung des Mahlgutes bei Schnellläufern erfolgt häufig durch Windsichter. Gröbere Teilchen werden aus dem in einem Luftstrom mitgerissenen Kohlenstaub durch ihr Eigengewicht, durch Zentrifugalwirkung, durch Geschwindigkeits- und Richtungsänderung oder durch Prellflächen ausgeschieden und wieder nach der Mühle zurückgeführt. Für die Ausscheidung sind dann besondere, oft mit den Mühlen organisch zusammengebaute Ventilatoren und Absatzkammern nötig. Die Luft wird meist im Kreislauf immer wieder durch die Mühle geschickt. Fig. 16 zeigt eine Bonnot-Mühle mit angebautem Luftabscheider und zugehörigem Ventilator, Fig. 30 einen schematischen Schnitt durch Mühle und Abscheider. Im Rotor sitzen stählerne, ausschwingbar geführte Mahlrollen, die durch Zentrifugalkraft gegen die Mahlbahn gedrückt werden. Der Rotor schleudert gleichzeitig alle gröberen Kohlenteilchen immer wieder auf die Mahlbahn. Ein Ersatz der Mahlrollen soll erst nötig sein, wenn sie soweit abgeschliffen sind, daß ihre Schleuderkraft keinen ausreichenden

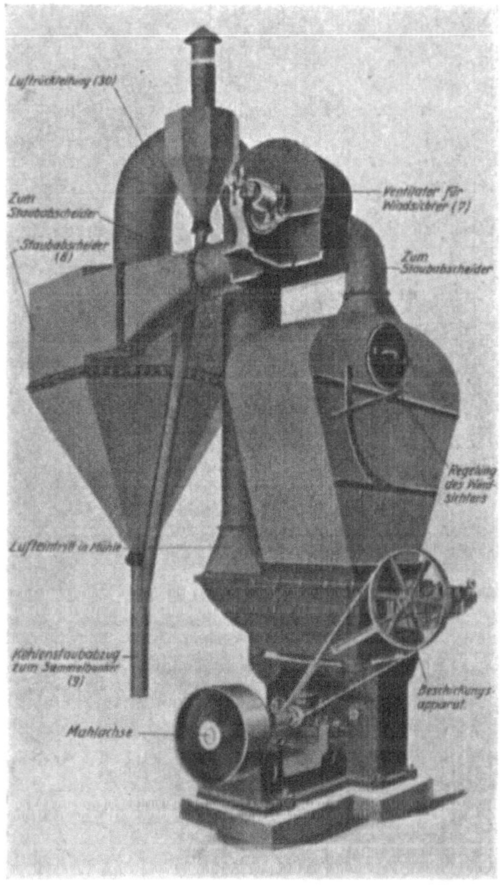

Fig. 16. Bonnot-Mühle mit Windsichter, Ventilator und Kohlenstaubabscheider.

Mahldruck mehr erzielt. Bonnot-Mühlen werden für Leistungen von 1100 kg/st, 2200 kg/st und 4400 kg/st gebaut. Die Wandungen des Wind-

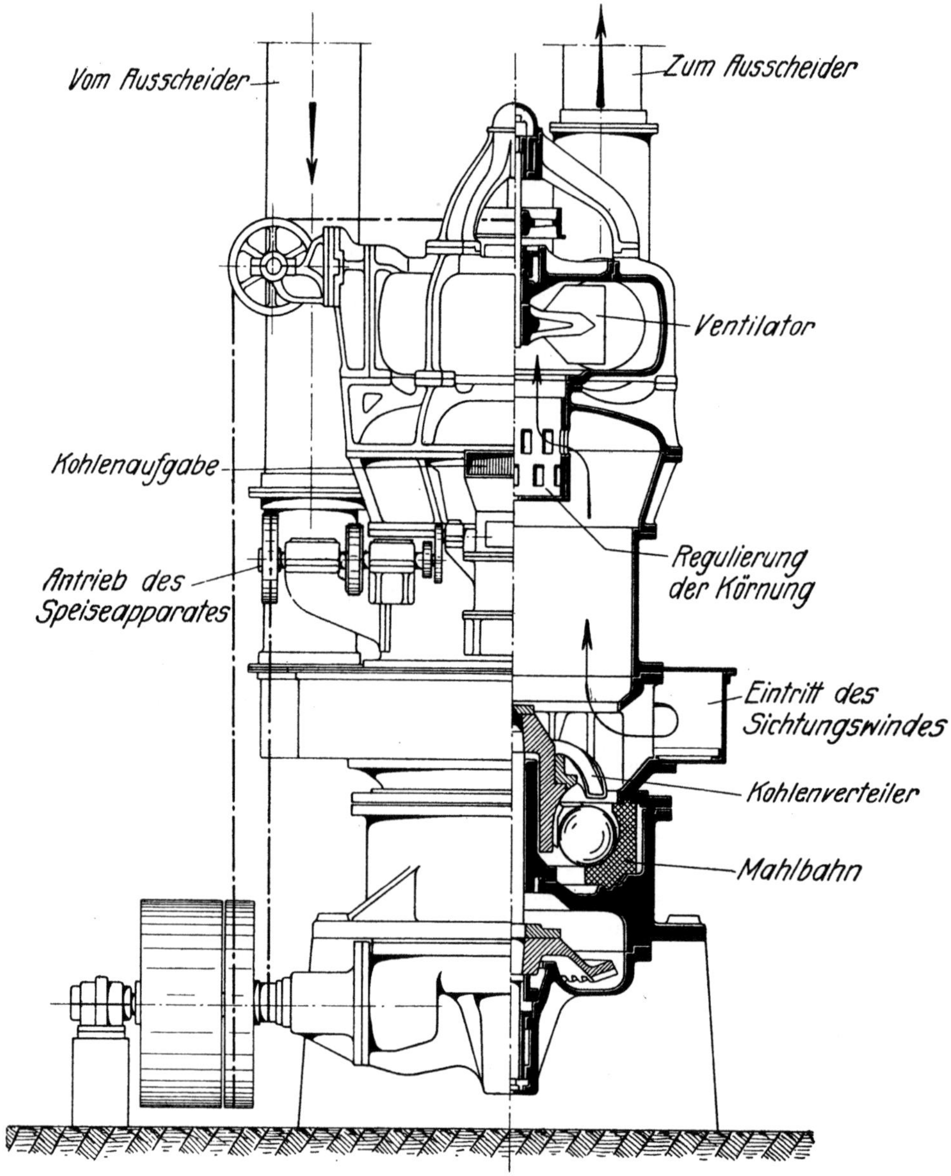

M. ∾ 1 : 35.

Fig. 17. Fuller-Mühle mit Windsichter und eingebautem Ventilator.

sichters gehen nach oben zu auseinander. Von außen verstellbare Leitflächen regeln den Geschwindigkeitswechsel an der Umlenkung und dadurch die Feinheit des Kornes. Ein Ventilator saugt den Kohlenstaub ab, die schwereren Kohlenteilchen fallen bei der Umlenkung aus und in den Mahlraum zurück, die genügend feinen werden nach einem Absatzbunker gefördert, wo sie sich von der Luft trennen, die wieder zur Mühle strömt, Fig. 16. Die Fuller-Mühle wird mit Sieben und mit Windsichtung gebaut, Fig. 14 u. 17. Im letzteren Fall wird der Kohlenstaub in einem besonderen Absatzbunker vom Wind getrennt, der wieder zur Mühle zurückströmt. Der Ventilator für den Sichtungswind wird entweder mit der Fuller-Mühle in einem Gehäuse zusammengebaut, Fig. 17, oder gesondert aufgestellt und von einer Transmission angetrieben, Fig. 18.

Die Aero-Mühle hat mehrere, durch Zwischenwände voneinander

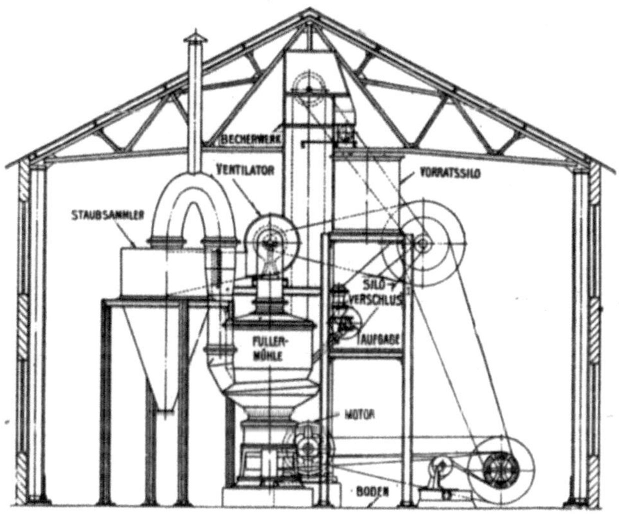

M. ∾ 1 : 100.

Fig. 18. Fuller-Mühle mit eingebautem Windsichter (s. Fig. 17) und zugehörigem Kohlenstaubabscheider.

getrennte Kammern, Fig. 19 u. 20. Jede Kammer hat eine zur Drehachse des Rotors konzentrische Mahlbahn und einen auf einer gemeinsamen Welle sitzenden Stern, an dem die Schläger schwingbar hängen. Die Mahlung schreitet in den einzelnen Kammern in stufenweise zunehmender Feinheit fort. Am Ende der Mühle sitzt in einem besonderen Abteil auf derselben Welle wie die Schlägersterne ein Ventilatorrad. Ein verstellbarer Betrag der insgesamt zuströmenden Luft wird am Einlaufende der Kohle zugelassen, Fig. 20. Seine Menge regelt die Geschwindigkeit, mit der das Mahlgut durch die Mühle geführt wird und damit die Feinheit des erzeugten Kohlenpulvers. Diese Luft übernimmt also die Rolle der Siebe bzw. der Windsichter. Zwischen der letzten Mahlkammer und dem Ventilator wird die übrige Luft angesaugt, die als Transportmittel für den Kohlenstaub nach seiner Verwendungsstelle dient, Fig. 20. Die Teilung der Luftzufuhr dürfte u. a. mit Rücksicht darauf erfolgt sein, daß bei wechselnder Kesselbelastung (und der dadurch veränderlichen Verbrennungsluftmenge) die Sortierung des Kohlenstaubes sich nur wenig ändern darf. Dies ist aber nur möglich, wenn die für Sichtung verwendete Luftmenge annähernd unabhängig von der insgesamt angesaugten Luftmenge (Verbrennungsluftmenge) ist.

Die Aero-Mühle wird in fünf Größen mit Leistungen von 270 bis 3000 kg/st geliefert und macht 1500 bis 2000 minutliche Umdrehungen.

M. $\sim$ 1 : 30.

Fig. 19. Aero-Mühle (geschlossen).

Sie arbeitet ohne Vortrocknung der Kohle und ohne Anwärmung der Luft, lediglich die Erhitzung in der Mühle bewirkt eine kleine Temperatursteigerung, die der Aufnahmefähigkeit der Luft für den Feuchtigkeitsgehalt der Kohle zugute kommt. Es wird sich daher empfehlen, nur Kohle mit mäßigem Wassergehalt zu verarbeiten und feuchte Kohle vor der Zermahlung einige Zeit in gedeckten Räumen stehen zu lassen, was in der Praxis freilich nicht immer durchführbar ist.

Die Bettington-Mühle ist noch einfacher. Schlagsternrad und Ventilator sind zu einem Körper zusammengefaßt. Im Gegensatz zu den bisher beschriebenen Systemen wird die gesamte durch die Abgase des Kessels angewärmte Verbrennungsluft durch die Mühle gesaugt. Die

Sortierung des Kohlenstaubes geschieht wieder in einem mit der Mühle zusammengebauten Windsichter, Fig. 21 und 22. Die Mühle macht 1400 minutliche Umdrehungen. Sie wird in vier Größen für Leistungen von 450 bis 1500 kg/st geliefert. Wegen der fehlenden Vortrocknung kann bei Aero- und Bettington-Mühlen der Kohlenstaub nicht gestapelt, sondern muß sofort nach dem Mahlen verbrannt werden. Die Kesselleistung wird bei beiden Bauarten unmittelbar durch Einstellen der Kohlenzufuhr zur Mühle eingeregelt, Fig. 20 und 22.

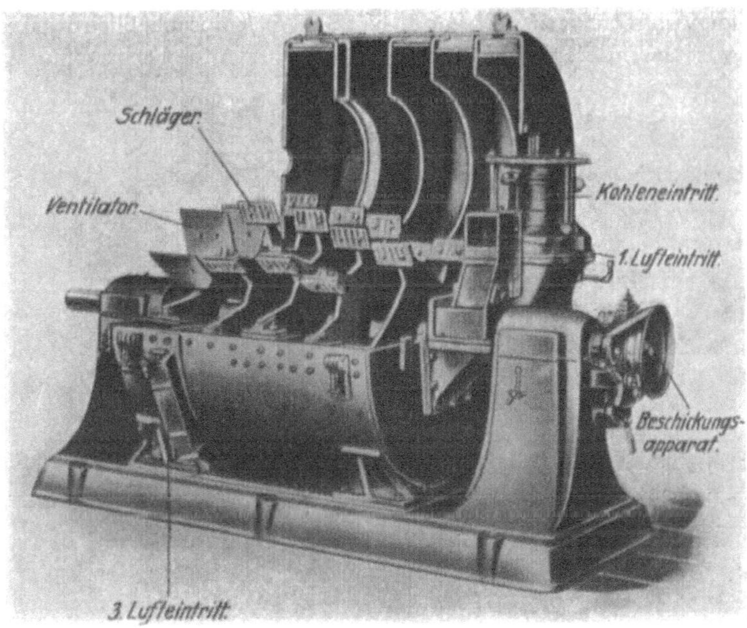

M. ∾ 1 : 30.
Fig. 20. Aero-Mühle (geöffnet).

Die Angaben über die Ausmahlung der verschiedenen Mühlensysteme schwanken sehr. Mit Ausnahme der Bettington-Mühle werden häufig folgende Werte genannt. Es gehen von der gemahlenen Kohle

95 v. H.	durch	ein	Sieb	mit	1550	Maschen/cm²
85 ,,	,,	,,	,,	,,	3100	,,
70 ,,	,,	,,	,,	,,	1650	,,
60 ,,	,,	,,	,,	,,	6200	,,

Bei der Aero-Mühle sollen 95 v. H. durch ein 1500 maschiges und 85 v. H. durch ein 3100 maschiges Netz gehen. Kohlenstaub, der durch ein Sieb mit 3100 Maschen geht, hat eine 700 bis 800 mal größere Oberfläche als nicht gemahlene Kohle mittlerer Körnung.

Der Kraftbedarf einer Mühle hängt von ihrer Bauart, der Härte des Brennstoffes und der Feinheit des erzeugten Pulvers ab. Die Körnung der Rohkohle beeinflußt, soweit sie ohne Vorbrechung überhaupt verarbeitet wird, den Kraftverbrauch weit weniger als das Ausmahlen auf äußerste Feinheit. Im allgemeinen sollen die Mühlen etwa 85 v. H. des Kraftbedarfs der gesamten Aufbereitungsanlage beanspruchen. Der Kraftverbrauch von Aero-Mühlen wird je nach ihrer Größe zu 22 bis 30 KWst/t angegeben. Für Bettington-Mühlen, die allerdings nicht so fein auszumahlen brauchen, fand Verfasser einen von der Körnung der Kohle fast unabhängigen Kraftverbrauch von 26 bis 28 KWst/t einschließlich des Kraftbedarfs für Windsichtung und Einblasen der gesamten Verbrennungsluft.

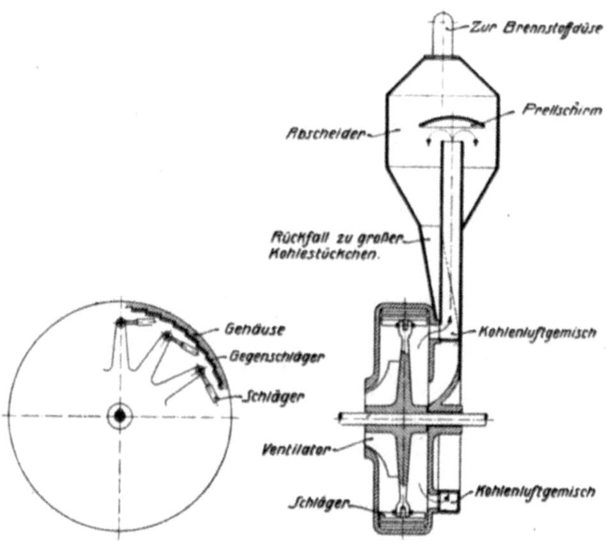

Fig. 21. Schema der Bettington-Mühle.

Im allgemeinen wird der Kraftbedarf von Kohlenmühlen zu 10 bis 35 KWst/t angegeben, er ist um so kleiner, je reiner eine Kohle ist. Fremde, nicht brennbare Beimischungen, besonders Schwefelkies, beeinträchtigen die Mahlbarkeit. Angeblich soll auch zwischen Brennbarkeit und Mahlbarkeit ein gewisser Zusammenhang bestehen. Tatsache ist, daß die schlecht brennbaren Koks und Anthrazite meist besonders schwer mahlbar sind. Kohlen mit 15 bis 25 v. H. flüchtigen Bestandteilen sollen sich leichter mahlen lassen als solche mit höherem oder niedererem Gasgehalt. Trockene Braunkohlen brauchen besonders wenig Kraft und greifen die Mühlen wesentlich weniger an als Steinkohlen.

Rohrmühlen sollen höheren Kraftverbrauch haben als Schnellläufer, es erscheint aber bei vielen Angaben über den Kraftbedarf zweifelhaft, ob tatsächlich überall Kohlenstaub derselben Feinheit erzielt wurde.

Für Einzelanlagen ohne Vortrocknung scheiden Mühlen mit Siebsichtung im allgemeinen aus, weil der Vorteil von Einzelmühlen ja großenteils auf dem Wegfall der Trockenanlage beruht und Verstopfungen der Siebe daher nicht zu vermeiden wären. Es bleibt aber die Frage offen, ob für Zentralanlagen eines der beiden Scheidesysteme grundsätzlich überlegen ist. Es wurde schon darauf hingewiesen, daß Schnelläufer weniger Platz brauchen und billiger sind, aber größere Reparatur- und Instandhaltungskosten verursachen. Ihr kleinerer

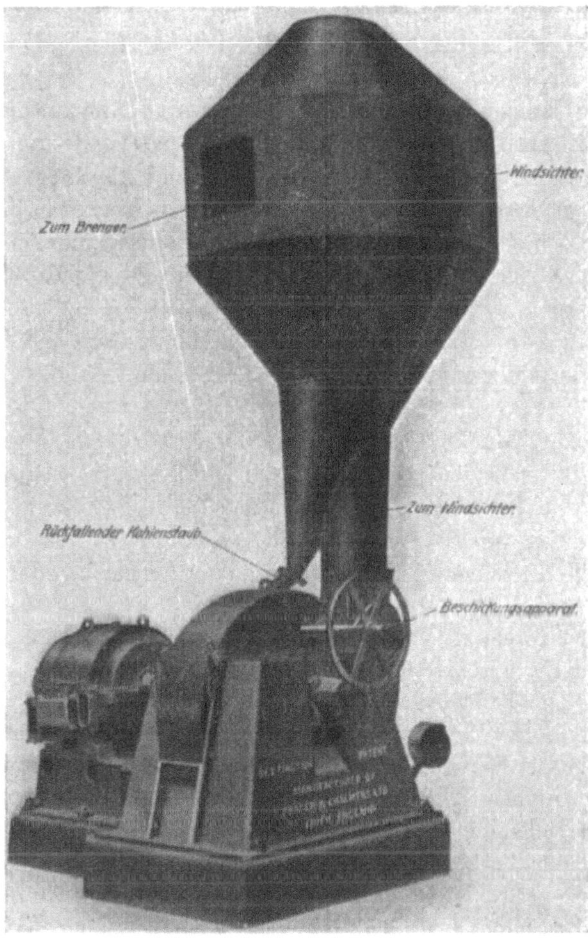

Fig. 22. Bettington-Mühle mit angebautem Windsichter und Antriebsmotor.

Platzbedarf kommt jedoch bei Zentralanlagen großer Leistung infolge der umfangreichen Trockenvorrichtungen nicht voll zur Geltung und auch der Unterschied in den Kapitalkosten wird dadurch, daß der Kapitaldienst für Trockner und Transportvorrichtungen bleibt, etwas verwischt. Die Amerikaner werfen Mühlen mit Sieben vor allem großen Siebverschleiß und Empfindlichkeit gegen Verstopfungen vor. Durch zweckmäßig angeordnete Schutzsiebe können aber die zarten Feinsiebe so weitgehend geschont werden, daß bei bewährten Mühlen die Ausgaben für Siebersatz durchaus erträglich sind. Da ferner bei allen Systemen von Kohlenstaubfeuerungen mit zentraler Mahlanlage die Kohle sowieso sorgsam vorgetrocknet werden muß, sind Verstopfungen richtig angeordneter Siebe sicher nicht in dem Maße zu befürchten, wie manche Erbauer von Schnelläufern mit Windsichtung behaupten, um so mehr wenn die Mühlen kräftig belüftet werden, was sich ohnehin aus verschiedenen Gründen empfiehlt. Ohne kräftige Belüftung können sich Wasserdämpfe aus dem Luftstrom infolge seiner allmählichen Abkühlung in Gestalt kleiner Wasserperlen an den Sieben und an anderen Stellen niederschlagen und unliebsame Bildung von Kohlenstaubklumpen bewirken.

Belästigung durch austretenden Kohlenstaub bei Windsichtung ist leicht zu vermeiden, indem man die Mühlen unter geringen Unterdruck setzt und Verbindungen und Verschlüsse gut durchbildet. Um ein Übergreifen von Staubbränden zu verhindern, sollten bei größeren Anlagen die einzelnen Aggregate sorgfältig gegeneinander gesichert werden.

Vor- und Nachteile von Sieb- und Windsichtung müssen immer im Zusammenhang mit der Bauart einer Mühle und den Transportvorrichtungen für den Kohlenstaub betrachtet werden. Bei allen Mühlen, die gleichzeitig als Ventilator arbeiten und den Staub unmittelbar zur Feuerung fördern, ist Windsichtung das Gegebene. Solo- und ähnliche Kugelrohrmühlen eignen sich infolge ihres ganzen Aufbaues mehr für Siebe, die in ausreichenden Flächen konstruktiv vorteilhaft untergebracht werden können, während für Schnelläufer Windsichtung manchmal etwas besser paßt. Es ist auch nicht ganz richtig, eine Mühle lediglich auf Grund besonders feiner Ausmahlung des Kohlenstaubes zu bewerten. Maßgebend ist vielmehr, daß sie mit Sicherheit und mit möglichst kleinem Kraftbedarf die Feinheit gibt, die zur tadellosen Verbrennung unter Dampfkesseln erforderlich ist. Sollte es durch geeignete Brenner oder besonders zweckmäßige Gestaltung des Feuerraumes und des Kessels gelingen, mit einem gröberen Korn auszukommen, so würden sich die Aussichten der verschiedenen Mühlensysteme unter Umständen nicht unwesentlich verschieben. Endlich dürfen die für Zement- und andere Industrien gültigen Verhältnisse nicht ohne weiteres auf Dampfkraftwerke übertragen werden. Jeder Industriezweig rechnet mit ganz bestimmten Kosten für Unterhaltung, Bedienung, Kapitaldienst usw., für die sich im Laufe der Zeit eine gewisse Norm herausgebildet hat, deren Höhe z. B. in einer Zementfabrik anders als in einem Kraftwerk sein kann. Es ist aber schwer zu sagen, ob für Wärmekraftanlagen die in Zementfabriken üblichen Ausgaben für Unterhaltungs- und andere Kosten der Mahlanlagen als hoch oder niedrig angesehen werden würden. Es ist anzunehmen, daß Kosten für Reparaturen und Instandhaltung in Kraftwerken nicht so schwer wie in Zementfabriken empfunden werden. Kraftwerke dürften daher bei der Tendenz des Kraftmaschinenbaues nach Hochleistungsmaschinen eher schnellaufende Mühlen bevorzugen. Aber auch Größe und Belastungsverhältnisse eines Werkes werden zu beachten sein. Da öffentliche Elektrizitätswerke nicht gerne ohne Reserve arbeiten und da im Interesse kleiner Anlagekosten möglichst volle Dauerbelastung der Mühlen anzustreben ist, hängt die Wahl einer Mühle auch davon ab, ob die erforderliche Einzelleistung sich für die betreffende Bauart eignet. Möglicherweise haben gewisse Systeme auch einen so hohen Grad von Betriebssicherheit erreicht oder können noch so vervollkommnet werden, daß ähnlich wie bei Kohlenkonveyorn wenigstens kleinere Werke ohne einen vollen Reservesatz auskommen. Man kann zusammenfassend etwa folgendes sagen:

Schnellaufende Kohlenmühlen haben, was die Leistung eines Kraftwerkes betrifft, voraussichtlich den größeren Anwendungsbereich. Sie eignen sich insbesondere für Anlagen, wo die Kohlenstaubfeuerung mehr den Charakter einer Reserve hat oder vorzugsweise zur Deckung der Spitzenbelastung herangezogen werden soll. Sie kommen ausschließlich für solche Fälle in Betracht, wo die Kohle nicht vorgetrocknet wird, wo jeder Kessel eine besondere Mühle erhält und der Kohlenstaub nicht gestapelt wird, ferner in Anlagen mit zerstreut liegenden Kesseln, falls aus irgendeinem Grunde sich eine Zentralmahlanlage nicht empfiehlt. Für Schnelläufer eignen sich Windsichter zuweilen besser als Siebe, die bei Mühlen ohne Kohlenvortrocknung meist überhaupt unbrauchbar sind.

Langsamlaufende Kugel- und Rohrmühlen taugen besonders für große Anlagen. Die Sortierung des Kohlenstaubes erfolgt hier am besten durch Siebe, Windsichtung kommt für Rohrmühlen nicht in Betracht.

Möglicherweise hängt die Eignung einer Mühlenbauart auch von der Kohlenbeschaffenheit ab. Versuche in dieser Richtung scheinen jedoch noch nicht angestellt worden zu sein. Man wird aber annehmen dürfen, daß sie nur in Ausnahmefällen ins Gewicht fällt. In solchen Fällen dürfte auch eine bestimmte Transportvorrichtung für den Kohlenstaub anderen Systemen überlegen sein. Heute, wo überhaupt nur wenige Erfahrungen vorliegen, wird ein sicheres Urteil noch dadurch erschwert, daß ein Mangel, der sich an einem Teil eines Kohlenstaubfeuerungssystems gezeigt hat, oft mit Unrecht auf andere Teile übertragen wird, die damit gar nichts zu tun haben. Eine unbedingte Überlegenheit eines Mühlensystems besteht zur Zeit jedenfalls nicht.

Von hervorragender Bedeutung für die Betriebssicherheit von Kraftwerken mit Staubfeuerungen ist größte Sauberkeit in der Aufbereitungsanlage. Abgesehen von hygienischen Schädigungen kann Staubbildung und freies Lagern von Kohlenstaubansammlungen sehr verhängnisvolle Brände und Explosionen verursachen. In dieser Hinsicht scheinen in Amerika schwere Nachlässigkeiten vorgekommen zu sein. In einem Werk hatte sich z. B. im Laufe der Zeit auf Gesimsen, auf den Bindern des Dachstuhles und an anderen Stellen Kohlenstaub abgelagert, ohne daß Monate hindurch ein Unfall passiert wäre. Bei einer Dachreparatur fiel der Staub von den Bindern ins Kesselhaus, zündete und verursachte schweren Brandschaden. Außer sorgfältig gedichteten Leitungen, Behältern, Mühlen usw. empfiehlt sich daher weitgehende Staubabsaugung aus den Aufbereitungsapparaten.

c) Platzbedarf von Aufbereitungsanlagen.

Der Platzbedarf von Kohlenaufbereitungsanlagen in Zementfabriken darf nicht ohne weiteres auf Kraftwerke übertragen werden, da hier nicht dieselben Rücksichten maßgebend sind und wesentlich andere Verhältnisse vorliegen. Auch Durchbildung und Anordnung der Fördervorrichtungen für Rohkohle und Kohlenstaub erfolgen in Zementfabriken nach anderen Gesichtspunkten. Insbesondere scheinen in der Zementindustrie die verschiedenen Maschinen der Aufbereitungsanlage mit Vorliebe derart hintereinander angeordnet zu werden, daß die Kohle die Anlage stets in derselben Richtung durchwandert. Diese Anordnung ist zweifellos sehr übersichtlich, gibt aber außerordentlich lange Gebäude. Ferner scheint man in Zementfabriken meistenteils auch bei mehr als zwei Mahlgruppen jeder Gruppe eine eigene Förderanlage zu geben. Kraftwerke werden sich zu so weitgehender Unterteilung schwerlich entschließen und außerdem eine mehrstöckige Anlage mit kleiner Grundfläche ausgedehnten Flachbauten oft vorziehen. Auch in Amerika ist noch kein größeres, nach neuzeitlichen Gesichtspunkten gebautes Kraftwerk für Kohlenstaubfeuerung im Betrieb. Die Aufstellung der Aufbereitungsanlage oberhalb der Kessel nach Fig. 56, die ein nachträglich für die Verfeuerung von Kohlenstaub umgebautes amerikanisches Werk zeigt, wäre nach deutschen Kesselgesetzen nicht zulässig. Um wenigstens ein ungefähres Bild vom Platzbedarf geben zu können, ist in Fig. 23

eine Mahlanlage, bestehend aus 2 langsamlaufenden Mühlen für eine Leistung von 14 t/st in zweistöckiger Anordnung, in Fig. 24 eine Mahlanlage mit 3 Schnelläufern für 12 t/st mit nur einem Geschoß an Hand normaler Modelle zweier angesehener deutscher Firmen dargestellt.

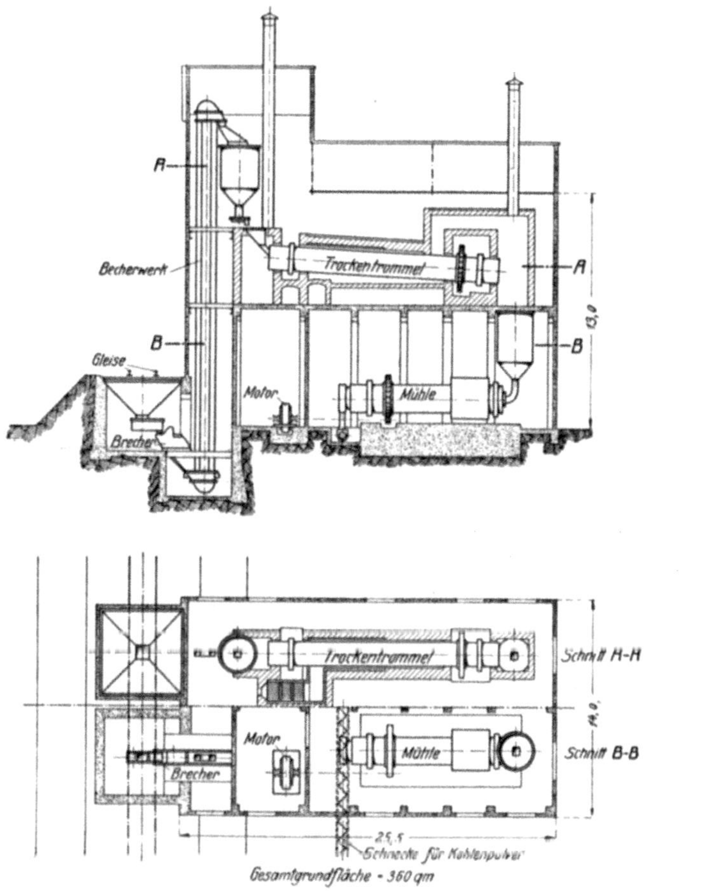

M. ~ 1 : 500.

Fig. 23. Aufbereitungsanlage mit 2 Solo-Mühlen für eine Leistung von 14 t/st.

Bezogen auf 1 t/st Kohlendurchsatz beträgt der Platzbedarf bei Aufstellung der Maschinen in

zwei Geschossen rd. 26 m²,
einem Geschoß rd. 46 m².

Die bauliche Anordnung beeinflußt also den Platzbedarf wesentlich stärker als das Mühlensystem. Nach Ansicht des Verfassers wird es auf Grund der in Kraftwerken üblichen Bauweise im allgemeinen möglich sein, bei Anlagen von mehr als 12 t/st Leistung mit einem Mindestbedarf an bebauter Grundfläche von rd. 25 m^2 für 1 t/st gemahlene Kohle auszukommen. Nimmt man Fig. 23 als Normalanlage für eine Stundenleistung von 14 t an, so bekommt man für öffentliche Elektrizitätswerke das in Zahlentafel 2 niedergelegte Bild. Hierin bedeutet

Fall A ein Werk mit Kraft- und Lichtstrom,

Fall B ein Werk mit Kraft-, Licht- und Bahnstrom.

Zahlentafel 2.

Verhältnis zwischen Grundfläche der Kohlenmahlanlage und Kesselhausgrundfläche bei Elektrizitätswerken.

1	Fall	A	B
2	Leistung der Kohlenmahlanlage . . . . t/st	14	14
3	Heizwert der Rohkohle . . . . WE/kg	7000	7000
4	Kohlenverbrauch für 1 KWst (5800 WE) . . . . . kg	0,83	0,83
5	Tägliche Betriebsdauer der Mahlanlage . . . . . . st	18	18
6	Täglich gemahlene Kohlenmenge . . . . t	252	252
7	Täglich insgesamt erzeugte Strommenge . . . . KWst	304 000	304 000
8	Ausnutzungsfaktor $= \frac{\text{mittlere erzeugte Leistung}}{\text{ausgebaute Gesamtleistung d. Werkes}}$ v. H.	25	35
9	Belastungsfaktor $= \frac{\text{mittlere erzeugte Leistung}}{\text{Spitzenleistung des Werkes}}$ . . „	30	42
10	Ausgebaute Leistung des Kraftwerkes . . . . . KW	52 000	36 000
11	Spitzenleistung des Kraftwerkes . . . . KW	42 000	30 000
12	Stündlich erzeugte Höchstdampfmenge . . . . . kg/st	252 000	180 000
13	Anzahl der Dampfkessel (je 600 m^2 Heizfläche) . . . z	16	12
14	Gesamtlänge des Kesselhauses . . . . m	74	56
15	Breite „ „ . . . . m	35	35
16	Grundfläche „ „ . . . . m^2	2590	1960
17	„ der Mahlanlage . . . . m^2	360	360
18	Grundfläche der Mahlanlage in v. H. der Kesselhausgrundfläche . . . . v. H.	14	18,3

Für Abmessungen und Heizflächenbelastung der Kessel wurden in Zahlentafel 2 erprobte Durchschnittswerte eingesetzt, die nicht unwesentlich unter- bzw. überschritten werden könnten. Die Grundfläche der Kohlenmahlanlage beträgt somit je nach den Belastungsverhältnissen eines Elektrizitätswerkes 15 bis 20 v. H. der Kesselhausgrundfläche. Wenngleich diese Werte keine allgemeine Gültigkeit haben, so geben sie doch einen brauchbaren Anhalt für die Beurteilung der Platzbeanspruchung von Kohlenaufbereitungsanlagen in größeren, neuzeitlichen Elektrizitätswerken. Der verhältnismäßige Platzbedarf hängt also außer vom Tagesdurchsatz auch von der Belastungskurve eines Werkes ab. Er wird um so größer, je gleichmäßiger die Belastung ist.

In Werken mit annähernd konstanter Belastung kann die Grundfläche der Aufbereitungsanlage bis 50 v. H. der Kesselhausgrundfläche ausmachen.

d) Transport des Kohlenstaubes.

Kohlenstaub wird von den Bunkern der Zentralmahlanlage zu den Kesseln durch folgende Mittel befördert:

1. Ketten mit Triebscheiben,
2. Schnecken,
3. Preßluft,
4. Luft annähernd atmosphärischer Spannung.

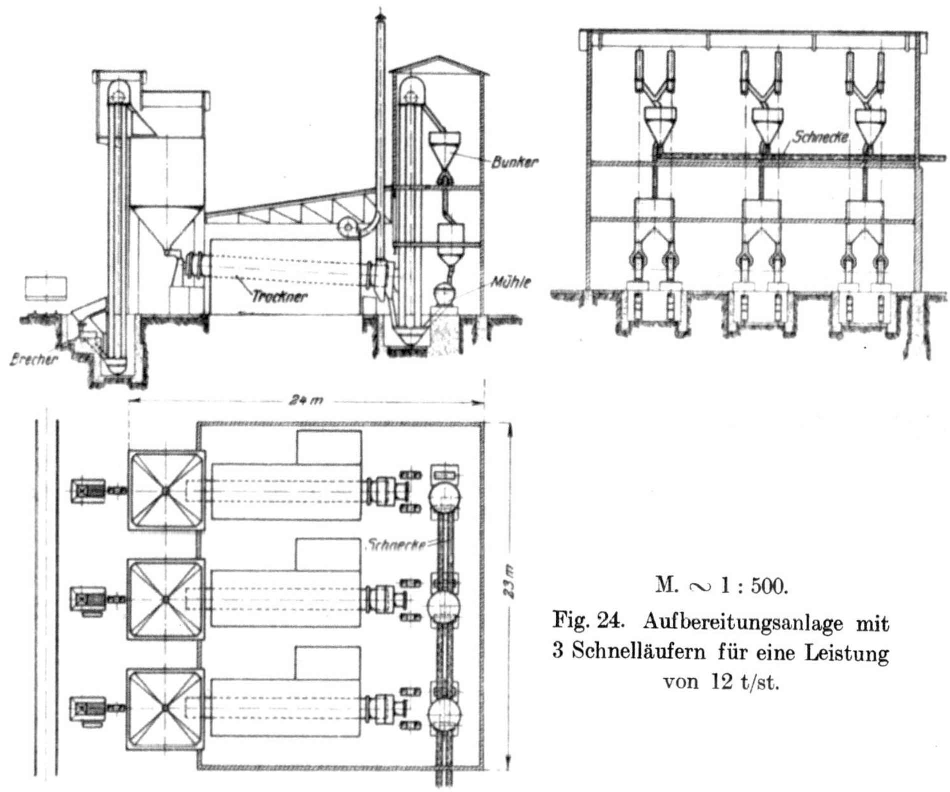

M. ∾ 1 : 500.

Fig. 24. Aufbereitungsanlage mit 3 Schnelläufern für eine Leistung von 12 t/st.

Die Transportmittel richten sich u. a. nach der Aufbereitungsart des Kohlenstaubes, nach der Länge des Transportweges, nach der Gesamtanordnung der ganzen Anlage und danach, ob der Kohlenstaub in Zentralbunkern bzw. in Bunkern vor den Kesseln gestapelt werden soll oder nicht. Für manches Feuerungssystem ist nur eine bestimmte Transportvorrichtung brauchbar, in vielen Fällen kann aber der Kohlenstaub auf verschiedene Weise befördert werden.

Ketten mit Mitnehmerscheiben, die ähnlich wie Förderketten von Schlammpumpen arbeiten, haben größere Verbreitung nicht gefunden.

Den weitesten Anwendungsbereich und die größte Einfachheit haben Förderschnecken, die seit vielen Jahren in zahlreichen Industrien ein beliebtes Transportmittel sind. Sie eignen sich vielleicht für die Förderung von Kohlenstaub insofern nicht ganz so gut wie für andere Güter, als sie luftdicht gekapselt werden müssen und als man Kohlenstaub nicht gerne längere Zeit hindurch in langen, z. T. schlecht zugänglichen Schneckenrinnen in ruhendem Zustand wird stehenlassen, da immerhin Feuchtigkeit oder andere Umstände die für die spätere Verbrennung überaus lästige Bildung kleiner Klümpchen verursachen könnten. Schneckenförderer für Kohlenstaub müssen wagrecht liegen und glatte Gehäusewandungen haben. Oberhalb gewisser Entfernungen und bei gewundener Förderstrecke werden Schnekken schwerfällig und unhandlich. Da Einzellängen von mehr als 60 m im allgemeinen nicht vorteilhaft sind, wird bei großen Gesamtlängen ein wiederholtes Umladen erforderlich, was den Antrieb und die ganze

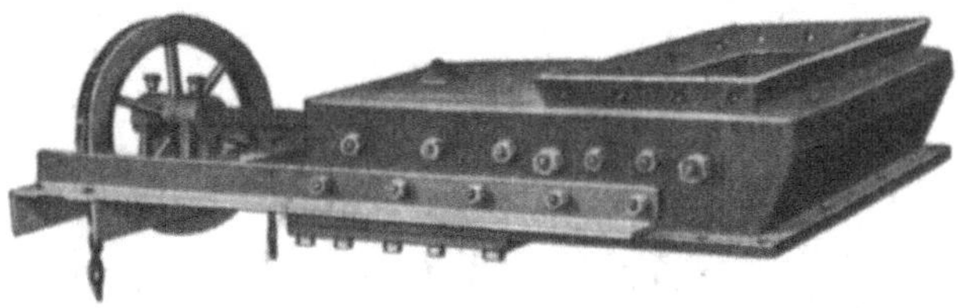

Fig. 25. Abschlußschieber zwischen Kohlenstaubbunker und Einblasbehälter einer Füllstation Bauart Quigley.

Anordnung recht verwickelt macht. Das gleiche ist bei Abweichungen aus einer Ebene der Fall. Trotz dieser Schwächen sind in vielen Fällen Schnecken wegen ihrer außerordentlichen Einfachheit und Anspruchslosigkeit ein kaum übertreffbares Fördermittel.

Das Quigley-System benutzt zur Förderung Preßluft. Der Kohlenstaub wird in großen, geschlossenen Zentralbunkern gesammelt und durch Schieber, Fig. 25, in einen der senkrechten Einblasbehälter gefüllt, an die die Verteilleitungen von rund 100 mm l. W. angeschlossen sind, Fig. 26. Nachdem der Behälter gegen den Bunker wieder luftdicht abgeschlossen ist, wird er durch Verbindung mit einem Preßluftkessel oder einem Kompressor unter Luftdruck gesetzt. Die Preßluft drückt den Staub in kompaktem Strom in die Verteilleitung und nach dem Kesselbunker, der gerade auf die Leitung geschaltet ist. Ist der Kesselbunker auf die gewünschte Marke aufgefüllt, so wird er mittels Ventils abgesperrt, Fig. 27. Die Förderung erfolgt also intermittierend. Zur staublosen Ableitung der aus den Kesselbunkern verdrängten Luft dienen aufgesetzte kleine „Zyklone“. Die Umschaltventile sind so gebaut, daß während ihrer Umschaltung die Strömung des Kohlenstaubes nicht unterbrochen wird, damit sich kein fester Staubpfropfen bilden kann. Der Mann am Einblasbehälter führt durch wenige einfache Handgriffe jedem Kessel die erforderliche, für einige Stunden ausreichende Kohlenmenge in angemessenen Zwischenräumen zu. Es wird auch eine halbautomatische Vorrichtung geliefert, die jedem Kesselbunker ein passendes Kohlengewicht zudrückt, und eine ganz automatische Ausrüstung, die die zugehörigen Ventile ohne Eingriff eines Arbeiters öffnet und wieder schließt, sobald der Inhalt der Kesselbunker unter einen gewissen Betrag gesunken ist. Durch Aufleuchten einer Lampe an der Füllstation wird angezeigt, welcher Kessel gerade mit Kohle versorgt wird. Die insgesamt verbrauchte und die jedem Kessel zugeführte Kohlenmenge kann einfach und ausreichend genau am „Kohlenstand" im Einblasbehälter bzw. im Kesselbunker, der durch eine Art Schwimmer auf einer Skala angezeigt wird, ermittelt werden. Für kleinere Anlagen

M. ∽ 1 : 100.

Fig. 26. Quigley-Einblasbehälter mit darüber liegenden Vorratsbunkern für Kohlenstaub.

genügt ein Einblasbehälter, für größere sind mindestens zwei erforderlich. Die Förderleitungen von Quigley-Anlagen haben 75 bis 100 mm l. W. Parallel mit ihnen verläuft eine engere Preßluftleitung, die in angemessenen Abständen mit der Förderleitung verbunden ist und zum Auflockern von Verstopfungen dient, die sich durch Feuchtigkeit oder aus anderen Gründen gebildet haben.

Hauptabmessungen, Gewichte und Leistungen marktgängiger Füllstationen gibt Zahlentafel 3 (siehe Fig. 26).

M. ∾ 1 : 10.

Fig. 27. Durchgangs- und Abzweigventil Bauart Quigley.

Zahlentafel 3.

Abmessungen von Füllstationen Bauart Quigley.

Stündliche Leistung t/St.	Abmessungen der Einblasbehälter Durchmesser mm	Höhe mm	Abmessungen der Ladestation A mm	B mm	C mm	D mm	Gewicht der Anlage kg
1	1065	3200	3960	5720	3200	1650	8 700
3	1520	4580	5500	7800	3860	1980	15 000
5	1830	5500	6700	9450	5070	2640	22 000
8	2380	6860	7900	11600	5400	3300	31 000

Bei Quigley-Förderung könnten Undichtheiten oder Klemmungen eines Schiebers, z. B. des Schiebers zwischen Kohlenstaubbunker und Einblasbehälter (Fig. 26), u. U. unangenehm werden.

Mit Quigley-Anlagen wurde Kohlenstaub bis auf Entfernungen von über 460 m transportiert. In einem Werk wurden z. B. 1300 kg durch eine 180 m lange Leitung von 100 mm l. W. mit einem Überdruck von rund 1,0 at in 1 min befördert. Die Verteilleitungen sind somit außerordentlich leistungsfähig. Über die Arbeitsweise der Fuller-Kinyon-Pumpe liegen Berichte nicht vor. Nach Bildern dieser Pumpe zu schließen wird der Kohlenstaub mittels Schnecke einem diffusorartigen Raum zugeführt, von wo ihn Preßluft in die Leitung mitreißt, Fig. 28 u. 29. Während Quigley Kohlenstaub unvermischt fördert oder wenigstens diese Arbeitsweise anstrebt, treibt ihn Fuller-Kinyon mit wenig Preßluft durchmischt durch die Leitungen.

Fig. 28. Bunkerauslauf mit Absperrschieber und Fuller-Kinyon-Pumpe.

Fuller-Kinyon-Pumpen arbeiten ferner im Gegensatz zum Quigley-Verfahren kontinuierlich, was den praktischen Betrieb manchmal erleichtern wird. Fuller-Kinyon-Pumpen mit Fördersträngen bis zu 300 m Länge sind in mehreren Anlagen im Betriebe. Die Praxis muß zeigen, ob der Verschleiß der Förderleitungen von Preßluftförderern durch Schleifwirkung des Kohlenpulvers in erträglichen Grenzen bleibt.

Im Gegensatz zu Quigley und Fuller-Kinyon transportieren andere Bauarten, so z. B. Bettington und Aero, den Kohlenstaub in der Förderluft schwebend, die gleichzeitig als Verbrennungsluft dient. Bettington führt schon in der Kohlenmühle die gesamte Verbrennungsluft zu, Aero nur einen Teil, die Restluft erst kurz vor dem Brenner. Da es sich nur um kleine Transportwege handelt und da die gemahlene Kohle sofort verbrannt wird, genügen einfache, ausreichend bemessene Niederdruckluftleitungen aus Blech. Sollen aber an eine Kohlenmühle mehrere Kessel angeschlossen bzw. mehrere Kessel von einer Stelle aus mit in der Förderluft suspendiertem Kohlenstaub versorgt werden, so kommt man mit derartig einfachen Mitteln nicht mehr aus, da es z. B. praktisch nicht möglich wäre, einen Kessel willkürlich zu dämpfen oder stärker zu belasten, ohne die anderen mit zu beeinflussen. Die Kohlenstaub-Luftlieferung des zentralen Ventilators könnte sich dem veränderten Bedarfe nicht genügend schnell anpassen, es wäre auch, abgesehen von anderen Gründen,

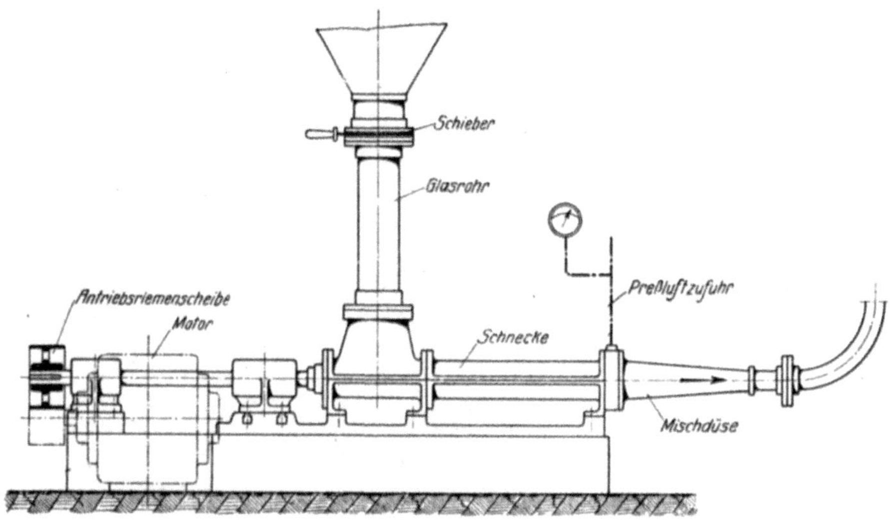

M. ∾ 1 : 35.
Fig. 29. Fuller-Kinyon-Pumpe.

nicht unbedenklich, ausgedehnte Verteilleitungen ohne Schutzmaßnahmen mit einem explosibeln Kohlenstaub-Luftgemisch zu betreiben.

Holbeck sucht diese Schwierigkeiten durch ein eigenartiges Regulier- und Rückführverfahren zu vermeiden, Fig. 30. Der Kohlenstaub wird durch einen Ventilator 7 aus der Kohlenmühle 5 abgesaugt und nach Behälter 8 gefördert, wo er sich von der Luft scheidet und zum Zentralbunker 9 abfließt. Eine Schnecke 10 zieht den Kohlenstaub aus dem Bunker 9 ab und streut ihn in den Saugstutzen des Zentralverteilventilators 15, der ihn in inniger Durchmischung mit etwa $^1/_7$ der gesamten Verbrennungsluft in die Verteilleitung 16 drückt, an die die Brenner 18 der Kessel durch Abzweigleitungen 17 angeschlossen sind. Die Gemischmenge, die nicht verbraucht wird, strömt durch Leitung 19 nach einem kleinen Behälter 20 zurück, in dem der Kohlenstaub abgesondert und nach dem Zentralbunker 9 abgeführt wird; die Luft wird von dem Verteilventilator von neuem angesaugt. Ein kleiner Elektromotor 11 mit Drehzahlregulierung 12 treibt die Zuteilschnecke 10 an. Der Druck in der Verteilleitung muß unabhängig von der Belastung konstant bleiben, weil sich sonst das Mischungsverhältnis Kohlenstaub : Verbrennungsluft in den Brennern ändern und auch die Bemessung der Brenner für eine geregelte Verbrennung nicht mehr passen würde. Auch der Gehalt der Förderluft an Kohlenstaub darf aus demselben Grunde nur in engen Grenzen schwanken. Zu diesem Zwecke schwebt in einem Ventilgehäuse 14 am Eintritt in den Ventilator 15 ein Kegel 13, der je nach der angesaugten Luftmenge entgegen seinem Gewicht mehr oder weniger angehoben wird und sich entsprechend der zuströmenden Luftmenge bezw. der Kesselbelastung einstellt. Er ist durch Drahtzug mit einem Regulierwiderstand 12 verbunden, der die Umlaufzahl des Antriebsmotors 11 für die Zuteilschnecke bzw. das zugeführte Kohlengewicht proportional der Menge der Förderluft regelt und ein konstantes Mischungsverhältnis aufrechterhält, Fig. 30. Das Kohlenstaub-Luftgemisch ist so reich, daß es nicht entflammbar ist, ferner liegt die Geschwindigkeit in den Verteilleitungen oberhalb der Zündgeschwindigkeit. Die Leitungen bestehen aus dünnem Eisenblech und sind enger als Gasleitungen derselben Leistung. Bei Anlagen mit Luftförderung des suspendierten Kohlenstaubes müssen, wie übrigens bei allen anderen Transportsystemen, gewisse Feinheiten beachtet werden, wenn Störungen in der Verteilung und Verbrennung vermieden werden sollen. Die Absperrventile der Anschlußleitungen der Brenner an die Verteilleitung müssen z. B. dicht am Abzweig liegen. Andernfalls würde sich hinter dem abgesperrten Ventil Kohlenstaub ansammeln und nach erneutem Anstellen des Brenners Brennstoffverluste und andere Nachteile verursachen. Um Rückzündungen zu vermeiden und um auch schwerere Kohlenteilchen sicher mitzunehmen, soll die Luftgeschwindigkeit etwa 27 m/sec betragen müssen. Rückschlag- und Explosionsklappen dienen zur weiteren Erhöhung der Betriebssicherheit. Von einigen Seiten wird dem Holbeck-Verteilsystem starker Verschleiß der Ventilatoren zugeschrieben.

Eine unbedingte Überlegenheit eines Transportsystems besteht nicht. Es wurde bereits auseinandergesetzt, daß besonders für kurze Entfernungen Schnecken allen anderen Fördermitteln fast stets überlegen sind. Das Holbeck-Transportsystem dürfte besonders für mittlere Entfernungen vorteilhaft sein. Im Gegensatz zu Schnecken- und zu Preßluftförderern fallen an den Brennern bewegliche Organe, wie z. B. Zuteilschnecken usw., weg. Auch die zentrale Versorgung mit Kohlenstaub ist einfacher und wohl auch etwas betriebssicherer als bei Preßluftförderung. Bei ungleichförmiger Belastung aber dürfte bei ausgedehnten Leitungen der Kraftbedarf bei Holbeck größer als bei Quigley und Fuller-Kinyon ausfallen. Es erscheint auch nicht ausgeschlossen, daß die Gleichförmigkeit des Kohlenstaub-Luftgemisches in Holbeck-Anlagen bei schwacher Belastung etwas leidet. Insbesondere sind dann Unregelmäßigkeiten nicht ausgeschlossen, wenn von mehreren von der Verteilleitung versorgten Kesseln der erste annähernd normal, die übrigen sehr schwach belastet sind. Reichlich bemessene Rückführleitungen geben zwar weitgehende Unabhängigkeit von der Werksbelastung, aber auf Kosten des Kraftverbrauches. Holbeck-Anlagen sind daher voraussichtlich bei Verteilleitungen mittlerer Länge, d. h. innerhalb der Kesselhäuser, am vorteilhaftesten.

Der Transport in Luft suspendierten Kohlenstaubes birgt die Gefahr von Staubexplosionen in sich. Bei Bettington und Aero sind infolge der Einfachheit und Kürze der Gemischleitung Explosionen schwerlich zu befürchten, bei ausgedehnten verzweigten Rohrleitungen ist die Gefahr zweifellos beträchtlich größer. Durch starke Anreicherung des Gemisches und durch hohe Luftgeschwindigkeit wird zwar beim Holbeck-Verfahren doppelte Sicherheit angestrebt, immerhin ist bei einer Verkettung unglücklicher Umstände ein Staubbrand mit seinen verheerenden Folgen nicht ausgeschlossen. Man wird daher bei größeren Holbeck-Anlagen für gute Überwachung und Instandhaltung der Verteil- und Rückleitungen, insbesondere aber der Regelvorrichtungen, Sorge tragen müssen. Auch durch geeignete Kontroll- und Sicherheitsapparate wird man erhöhte Sicherheit schaffen. Bei allen Transportvorrichtungen für Kohlenstaub, besonders bei solchen mit Luft als Fördermittel, ist gutes Dichthalten der Leitungen, Bunker, Ventile usw. unbedingt erforderlich, da sonst der Betrieb unsauber und gefährlich wird und Staubbrände unvermeidlich sind.

Quigley-Verfahren und Fuller-Kinyon-Pumpe eignen sich besonders für große Entfernungen, für zerstreut liegende Kessel und für Anlagen, die nur kurze Zeit hindurch voll belastet sind, weil die Verteilleitungen außerordentlich leistungsfähig und bei verwickelter Leitungsführung und großen Entfernungen billiger werden als die entsprechenden Organe anderer Systeme. Sollen z. B. zahlreiche, über ein größeres Gebiet zerstreute Kesselhäuser von einer zentralen Mühlenanlage aus mit Kohlenstaub versorgt werden, so wird Preßluftförderung kaum übertreffbar sein. Sie bietet auch insofern Vorteile, als jeder Kessel einen kleinen Kohlenvorrat hat, der über Störungen in der Zentralanlage oder in den Transportvorrichtungen hinweghilft. Da aber größere Dampfkraftwerke die Mahlanlage in mehrere voneinander unabhängige Sätze unterteilen und 2 Verteilstränge anlegen werden, ist die Wahrscheinlichkeit solcher Störungen meist nicht groß. Bei aus-

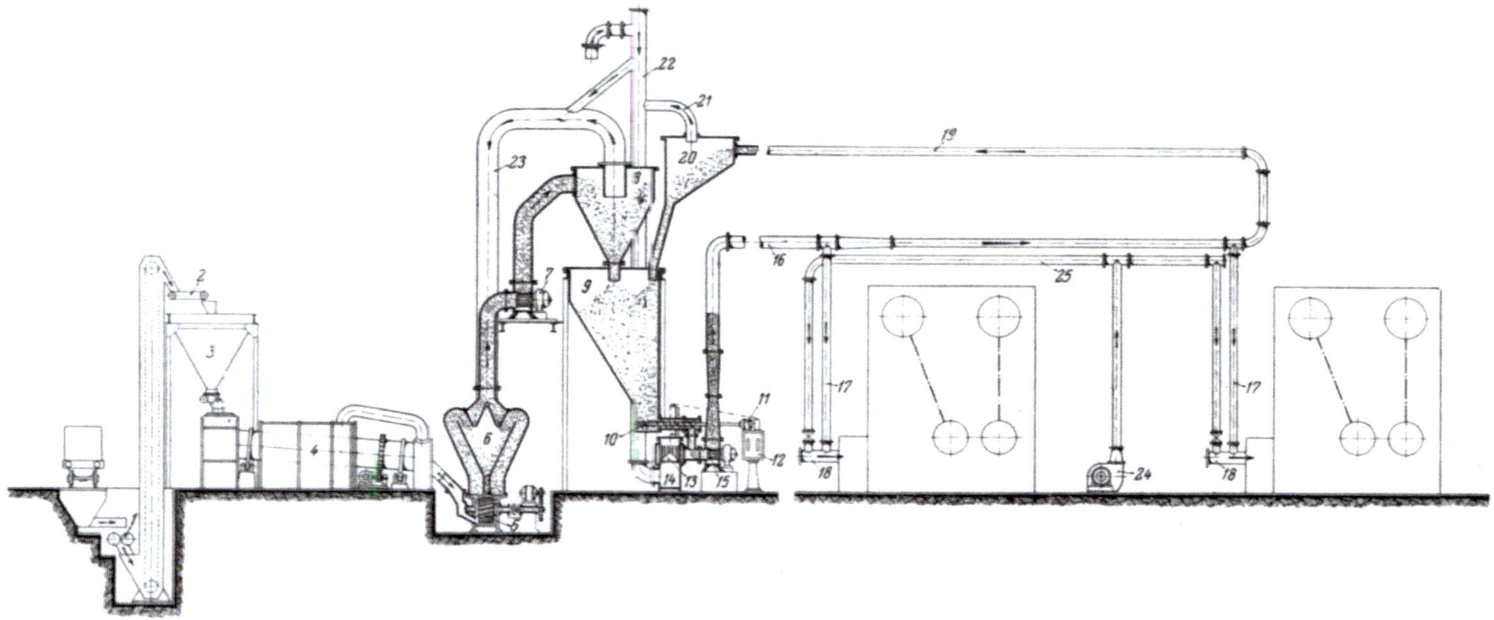

1 = Brecher, 2 = Magnetausscheider, 3 = Bunker für Rohkohle, 4 = Trockner, 5 = Mühle, 6 = Windsichter, 7 = Ventilator für Windsichter, 8 = Staubabscheider, 9 = Sammelbunker für Trockenkohle, 10 = Zuteilschnecke, 11 = Antriebsmotor, 12 = elektrischer Drehzahlregler, 13 = Regulierkegel, 14 = Reguliergehäuse für Suspensionsluft, 15 = Zentralverteilventilator, 16 = Verteilleitung, 17 = Abzweigleitungen, 18 = Brenner, 19 = Rückführleitung, 20 = Absetzbunker, 21 = Luftrückführung, 22 = Frischluftleitung, 23 = Luftrückleitung zur Mühle, 24 = Ventilator für Sekundärluft, 25 = Verteilleitung für Sekundärluft.

Fig. 30. Schema einer Kohlenstaubfeuerungsanlage Bauart Holbeck. (Nicht maßstäblich gezeichnet.)

reichender Reserve hat dagegen Holbeck-Förderung die große Annehmlichkeit des völligen Wegfalles von Bunkern vor den Kesseln. Die Kesselhäuser werden dadurch außerordentlich hell, luftig und übersichtlich. Werke mit ungleichmäßiger Belastung können aber oft auf Kesselbunker nicht verzichten, da aus bereits erwähnten Gründen die Mahlanlage möglichst kontinuierlich arbeiten und der Kohlenstaub in Zeiten schwacher Belastung gestapelt werden muß. Man wird aber oft vorziehen, das Kohlenpulver in mehreren kleineren Bunkern statt in einem einzigen großen Behälter aufzubewahren. Es wird zuweilen behauptet, Kohlenstaub dürfe höchstens 24 st, Trockenkohle höchstens 48 st gestapelt werden. In zahlreichen Fällen wurde jedoch Kohlenstaub in 30 t-Bunkern bis 4 Wochen ohne Nachteile aufbewahrt. Entzündet er sich im Bunker, so backt lediglich die Mitte des Staubhaufens zusammen und der Bunkerinhalt kann ohne Schwierigkeit entweder abgezogen oder auf die übliche Weise verfeuert werden.

Zuverlässige Messungen des Kraftbedarfes der verschiedenen Transportsysteme liegen nicht vor, es wäre auch, selbst nach Überwindung anderer Schwierigkeiten, schwer möglich, eine Grundlage für einen einwandsfreien Vergleich zu schaffen. Es ist aber zu erwarten, daß bei sehr langen Verteilleitungen und in Werken, die nur kurzzeitig voll belastet sind, Preßluftförderung am wirtschaftlichsten ist.

Bei Holbeck-Anlagen wird ein Teil der Bewegungsenergie der Förderluft in den Brennern nutzbar gemacht, bei Quigley und Fuller-Kinyon ist das Arbeitsvermögen der Preßluft im großen und ganzen verloren, da eine Rückgewinnung dieser Energie nicht in Frage kommt.

Zusammenfassend lassen sich die Aussichten der verschiedenen Verteilsysteme folgendermaßen kennzeichnen:

1. Schneckenförderung eignet sich besonders für Transportanlagen mit einfacher Linienführung und für kürzere Transportwege.

2. Das Holbeck- und ähnliche Verfahren kommen für mittlere Entfernungen und für Werke mit günstigen Belastungsverhältnissen in Betracht. Sie sind insbesondere für den Transport des Kohlenstaubes innerhalb der Kesselhäuser vorteilhaft. Verteilleitungen und Aufbereitungsanlage für den Kohlenstaub sollten aber so unterteilt werden, daß bei einem Schaden volle Reserve vorhanden ist.

3. Das Quigley- und Fuller-Kinyon-Verfahren sind hauptsächlich für große Entfernungen, zerstreut liegende Kessel und für Werke brauchbar, die nur kurzzeitig voll belastet sind. Auch eignen sie sich für Kessel, die nur im Notfall gebraucht werden.

4. Sollen mehrere, voneinander entfernte Kesselhäuser von einer zentralen Mahlanlage versorgt werden, so wird es sich oft empfehlen, den Kohlenstaub bis in die Kesselhäuser mit Preßluft zu befördern

und in den Kesselhäusern durch das Holbeck- oder ein ähnliches Transportsystem zu verteilen. Bei dieser Anordnung fällt das häufige Umschalten der Ventile in der Zentralverteilanlage und an zahlreichen Kesselbunkern weg und es ergibt sich unschwer eine einfache, fast völlig selbsttätige und zuverlässige Bedienung der Preßluftförderung.

III. Verbrennung des Kohlenstaubes.

a) Brenner.

Die Brenner haben die Aufgabe, Kohlenstaub und Luft möglichst innig zu durchmischen und in den Feuerraum einzuführen. Die häufig geäußerte Ansicht, ein inniges Gemisch von Luft und sehr feinem Kohlenstaub habe dieselben Eigenschaften wie die Mischung eines brennbaren Gases mit Luft, trifft nicht zu. Abgesehen davon, daß Kohle auch in feinster Zermahlung im Gegensatz zu Gasen erst nach einer tiefgehenden Umbildung ihrer Bestandteile in Reaktion mit dem Luftsauerstoff eintritt und daher ihren Charakter — wenn auch vielleicht in etwas abgemilderter Form — bewahrt, verhält sich Kohlenstaub in Durchmischung mit Luft auch in mechanischer Hinsicht anders als Gas. Dieser Unterschied ist deshalb bedeutungsvoll, weil er für Kohlenstaub eine Reihe von Vorrichtungen zur gleichmäßigen Durchmischung mit Luft ausschließt, die sich für Gasbrenner vielleicht gut eignen. Einbauten zur Erzielung einer Drehbewegung mit dem Zwecke Kohlenstaub und Luft innig durchzumischen, dürften sich daher im allgemeinen weniger empfehlen, da sie die Staubteilchen nach außen schleudern. Auch die Reibung der Brennerwandungen und der Einfluß von Krümmern kurz vor dem Brenner werden sich anders und voraussichtlich störender geltend machen als bei Gas. Durch die Volumenzunahme bei der Verbrennung geht die Flamme im freien Feuerraum auseinander. Es soll daher vorteilhaft sein, den Kohlenstaub derart zuzuführen, daß er den Luftstrahl ringförmig umgibt, da dann die Luft den Staubmantel beim Auseinandergehen durchdringt und restlos verbrennt, was bei zentral zugeführtem Kohlenstaub nicht im selben Maße der Fall wäre. Am besten wird freilich eine über den ganzen Querschnitt des Luftstrahles gleichmäßige Verteilung des Kohlenstaubes sein. Bei einem guten Brenner muß die völlige Durchmischung vor Austritt des Strahles vollendet sein, andernfalls sind Kohlenverluste zu befürchten.

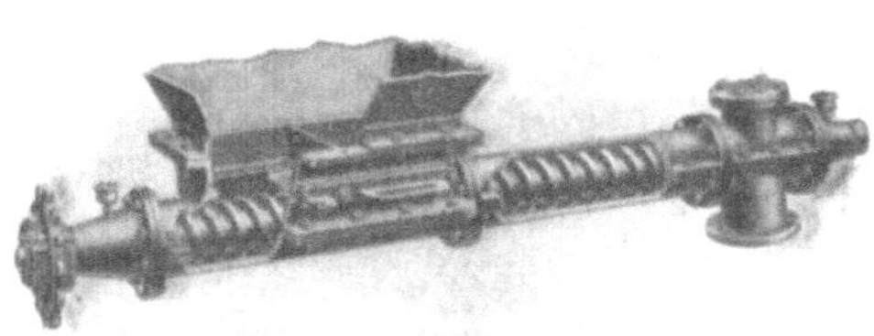

Fig. 31. Speiseschnecke für Kohlenstaub mit Bunkerabsperrschieber.

Der Kohlenstaub muß in einer der Kesselbelastung entsprechenden Menge zugemessen werden. Hierfür verwendet Fuller Schnecken, deren Förderung durch Verstellen ihrer Drehzahl geregelt wird, Fig. 31. Die Regelung der Kohlenmenge erfolgt bei Quigley durch ein Handrad, das durch Verstellen von zwei Backen, zwischen denen die Schnecke hindurchgeht, den Zulaufquerschnitt für den Kohlenstaub ändert, Fig. 32. Ein Rüttelsieb am Auslauf des Speiseapparates sorgt für gleichmäßige Staubzufuhr zum Brenner. Infolge der ejektorartigen Wirkung des Brenners herrscht am Maul des Kesselbunkers und im Speiseapparat ein kleiner Unterdruck, der Brückenbildung im Bunker verhindert und gleichmäßiges Zuströmen des Kohlenstaubes zum Speiseapparat angeblich auch noch bei kleiner Bunkerfüllung bewirkt. Bei Vorrichtungen

Fig. 32. Speiseschnecke mit Reguliervorrichtung Bauart Quigley.

mit regelbarem Durchgangsquerschnitt und gleichbleibender Umlaufzahl der Schnecke kommt man ohne Motoren mit Drehzahlregelung aus, was z. B. in Drehstromwerken erwünscht sein kann. In anderen Fällen, z. B. beim Holbeck-System, ist Drehzahlregelung vorteilhafter. Auch bei zentraler Betätigung der Brenner in Anlagen mit mehreren Kesseln kann die Verstellung der Motorenumlaufzahl bequemer sein. Bettington treibt den Beschickungsapparat durch ein kleines, sehr einfaches Reibungsgetriebe an. Auf der Treibachse (Mühlenachse) sitzt ein Ansatz mit verschiedenen Durchmessern; das Übertragungsrad kann durch Ausschwenken in Eingriff mit der gewünschten Stufe gebracht werden, Fig. 22. Die Vorrichtung nach Fig. 33 bezweckt eine von der Bunkerfüllung unabhängige Kohlenstaubzufuhr zum Brenner. Schnecke *d* ist so bemessen, daß sie wesentlich mehr nach Kammer *b* fördert, als Schnecke *f* wegschaffen kann. Der Unterschied wird von Schnecke *e* zum Bunkerauslauf zurückgeschoben. Dadurch gelangt nach *c* eine, von der Bunkerfüllung unabhängige Staubmenge. Manche Firmen betonen die außerordentlich feine und weitgehende Verstellbarkeit ihrer Beschickungsapparate. Man dürfte aber ähnlich wie bei Wander-

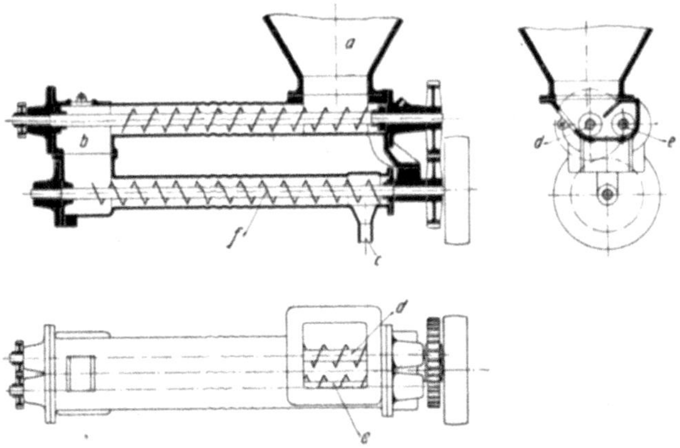

a = Auslauf des Kohlenstaubbunkers, b = Zwischenbehälter, c = Anschluß am Brenner, d = Schnecke mit unstetiger Förderung, e = Rückführschnecke, f = Schnecke mit stetiger Förderung.

Fig. 33. Speiseapparat mit von der Bunkerfüllung unabhängiger Förderung.

rosten mit verhältnismäßig wenig Stufen auskommen. Bettington und Aero regeln die Kohlenzufuhr schon am Einlauf in die Mühle, was nur möglich ist, wenn jeder Kessel eine besondere Mühle hat. Der Bettington-Brenner besteht aus einer wassergekühlten, düsenartigen Verlängerung des Rohres für das Kohlenstaub-Luftgemisch, Fig. **34** u. **51**. Die gesamte Verbrennungsluft wird schon in der Mühle zugeführt, Sekundärluft wird nicht verwendet, Fig. **51**. Beim Aero-Verfahren kann die Luft entweder schon ganz in der Mühle zugelassen werden oder nur teilweise, der Schornsteinzug saugt dann den Rest durch Schlitze im Brenner an.

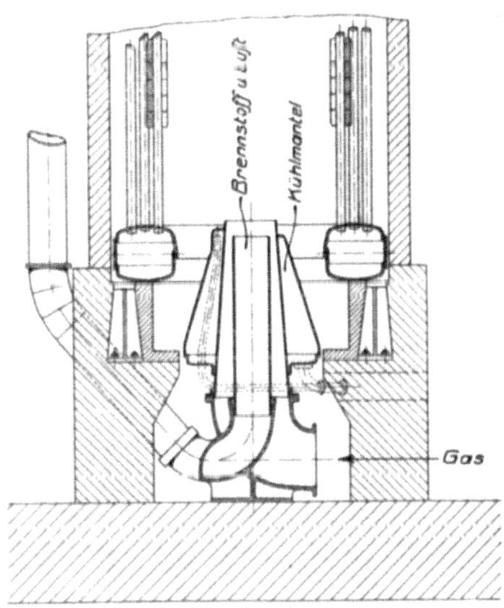

M. ∾ 1 : 100.

Fig. 34. Bettington-Brenner für Kohlenstaub und Gas.

Die übrigen Verfahren, z. B. Lopulco und Quigley, führen den Kohlenstaub meist mit einem primären Luftstrom gemischt einer Kammer zu, in der Sekundärluft entweder durch die Saugwirkung des primären Luftstromes oder durch ein besonderes Gebläse oder durch den Schornsteinzug beigemengt wird, Fig. 35. Außerdem saugen manche Brenner noch Luft unmittelbar ins Brennergehäuse durch ent

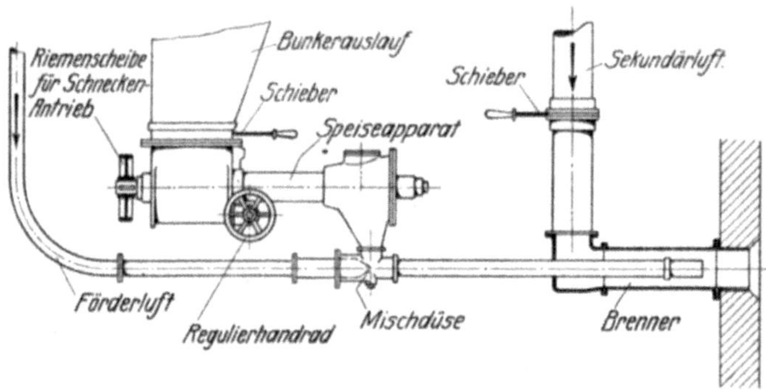

Fig. 35. Brenner mit Kohlenstaubzufuhr Bauart Quigley.

sprechend geformte Schlitze oder andere Öffnungen nach, Fig. 35. Bei dem Brenner in Fig. 36 wird sogar an vier Stellen Luft zugeführt. Eine derart weitgehende Unterteilung hat keinen Zweck, da nicht einzusehen ist, wonach der Heizer die verschiedenen Schieber einstellen soll. Beim Entwurf von vielen in der Literatur beschriebenen Konstruktionen waren offen-

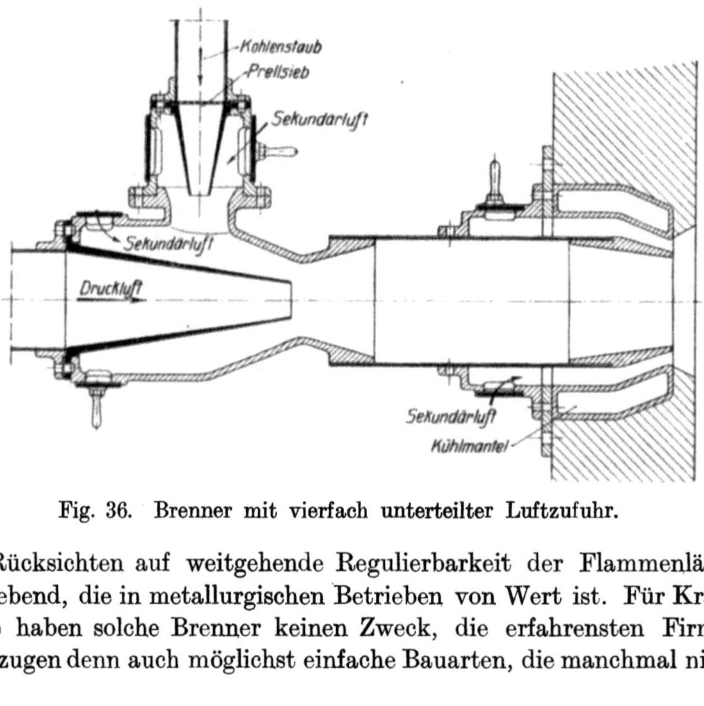

Fig. 36. Brenner mit vierfach unterteilter Luftzufuhr.

bar Rücksichten auf weitgehende Regulierbarkeit der Flammenlänge maßgebend, die in metallurgischen Betrieben von Wert ist. Für Kraftwerke haben solche Brenner keinen Zweck, die erfahrensten Firmen bevorzugen denn auch möglichst einfache Bauarten, die manchmal nicht viel mehr sind als ein gewöhnliches Luftzuführrohr, in das der Kohlenstaub eingestreut wird, Fig. **37**. Bei der in Fig. **38** dargestellten Vorrichtung fördert eine Schnecke den Kohlenstaub in einen durchlöcherten Mischzylinder, in den ein Teil der Verbrennungsluft zuströmt und den Staub fein verteilt mitreißt. Das Gemisch gelangt dann in Ringräume konzentrischer Zylinder mit durchlochten Wandungen. Zwischen den Ringräumen hindurch strömt die übrige Verbrennungsluft und durchmischt sich mit den aus den Zylindern austretenden Staubstrahlen. Ob diese Vorrichtung praktische Bedeutung erlangt hat, erscheint unsicher. Die gleiche Wirkung dürfte sich mit weit einfacheren und betriebssichereren Mitteln erreichen lassen. Haben sich z. B. durch irgendwelchen Zufall in den Verteilzylindern Staubknollen gebildet, so wird der Apparat eher schaden als nützen. Auf der Welle der Zuteilschnecke des Lopulco-Brenners sitzt ein kleines Flügelrad, das den Kohlenstaub in gleichmäßiger Verteilung in den ringförmig zuströmenden Luftstrahl streuen soll. Sekundärluft kann durch zwei Kanäle am Brenner zugelassen werden, Fig. **39**. Eine

Fig. 37. Fuller-Brenner mit Absperrschieber für Primärluft und Drehschieber für Sekundärluft.

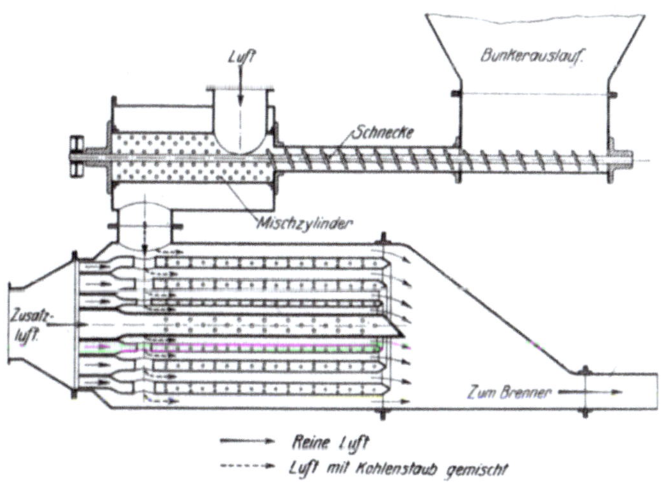

Fig. 38. Misch- und Zufuhrvorrichtung für Kohlenstaubfeuerungen.

kleine Dampfdüse saugt die Primärluft an, falls der betreffende Ventilator in Unordnung ist.

Beim Quigley-Brenner sitzt über dem Einlauf des Kohlenstaubes in den Primärluftstrahl ein Schüttelsieb, Fig. **35**, einige andere Bauarten haben an derselben Stelle feste grobmaschige Siebe, die die Aufgabe haben, Staubknöllchen, die sich beim Durchgang durch die Schnecke gebildet haben, aufzulösen, Fig. 36 u. 49. Denselben Zweck verfolgt das Flügelrad des Lopulco-Brenners. Ein Mittelding zwischen Fuller-Brenner und Quigley-Brenner ist der Bergman-Brenner, Fig. 41.

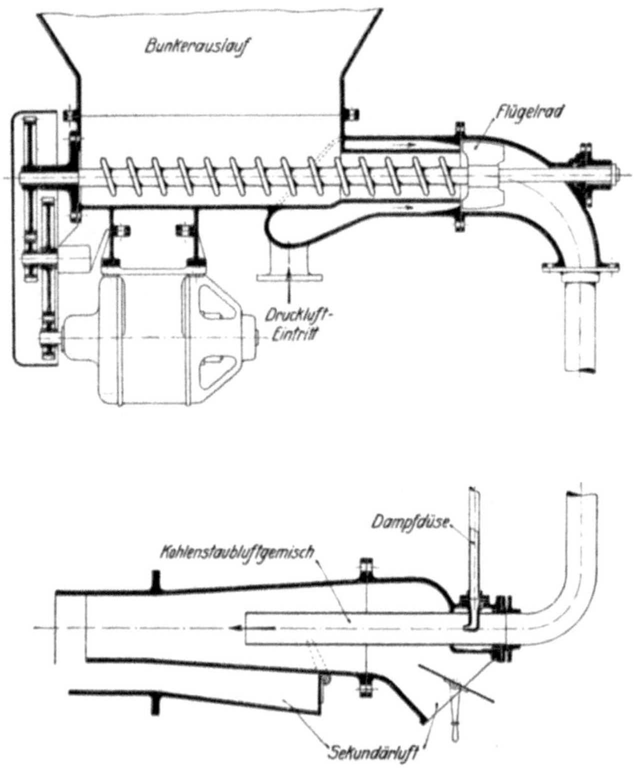

M. ∾ 1 : 20.

Fig. 39. Lopulco-Speiseapparat und -Brenner.

Der Unterschied zwischen einer Kohlenstaubluftmischung und der Mischung eines brennbaren Gases mit Luft drückt sich u. a. in dem außerordentlich hohen Heizwert eines Kohlenstaubluftgemisches aus, der weit höher ist als bei einem in Kraftbetrieben verwendeten brennbaren Gase. Der Heizwert von 1 m³ Gemisch von 15° C und 1 at mit der Luftüberschußzahl 1 beträgt bei:

Kohlenstaub	rd. 850	WE
Leuchtgas	„ 740	„
Wassergas	„ 730	„
Generatorgas	„ 550	„
Gichtgas	„ 500	„

Bei reichen Gasen ist es schwierig, Luft und Gas im Brenner genügend innig zu durchmischen. Es ist daher erklärlich, daß es bei Kohlenstaubfeuerungen unter normalen Kesseln erst recht nicht immer gelingt, die erforderliche Luft ausschließlich im Brenner an den Kohlenstaub heranzubringen, wenigstens haben auch solche Firmen, die dies früher versuchten, später einen Teil der Sekundärluft durch Öffnungen in den Wandungen des Feuerraumes zugeführt.

Öffnungen im freien Verbrennungsraum für den Eintritt von Sekundärluft lassen daher nicht immer auf mangelhafte Brennerbauart, auf unzureichende Ventilatoren oder auf andere Fehler der Anlage schließen, wenngleich Luftmangel sicher oft von schlechten Brennern oder zu kleinen Ventilatoren herrührt. Auch Rücksichten auf Vermeidung unangenehmer Schlackenansätze im Feuerraum scheinen zuweilen die Anbringung von Zusatzluftöffnungen verursacht zu haben.

(Sekundärluftzufuhr von oben, Kohlenstaubzufuhr axial.)
Fig. 40. Quigley-Brenner.

Die Kohlenstaubzufuhr ist, wie bereits erwähnt wurde, mit einfachen Mitteln in weiten Grenzen regelbar. Die Abmessungen eines Brenners sind aber für eine bestimmte Belastung am günstigsten, bei stark verminderter Leistung arbeitet er nicht so gut wie bei der seiner Konstruktion zugrunde gelegten Beanspruchung. Für größere Kessel ist daher der Einbau mehrerer Brenner ratsam, die entsprechend der Kesselbelastung zu- und abgeschaltet werden. Dieses Verfahren hat u. a. auch den Vorzug, daß die einmal als vorteilhaft erprobte Brennereinstellung nicht geändert zu werden braucht. Brenner von Bettington-Kesseln verfeuern stündlich bis zu 3000 kg Brennstoff; bei normalen Kesseln sind aber schon mit Rücksicht auf den Einbau der Brenner Einzelleistungen von mehr als 500 bis 600 kg/st meist nicht vorteilhaft. Wasserkühlung der Brenner wird sich oft empfehlen.

Menge und Druck der Primärluft sind bei den einzelnen Bauarten verschieden. Bettington führt die gesamte Verbrennungsluft zusammen mit dem Kohlenstaub zu, Fuller nur etwa die Hälfte. Der Überdruck vor dem Brenner des in Zahlentafel 11, Versuch 6 bis 8, gekennzeichneten Bettington-Kessels betrug nur 16 bis 26 mm WS., für andere Brenner findet man Werte zwischen 10 und 250 mm WS. Von der Verwendung höherer Drucke scheint man mehr und mehr abzukommen, weil die Flamme zu „scharf“ wird und aus anderen, später zu erörternden

Gründen. Der günstigste Überdruck am Brenner soll zwischen 10 und 35 mm WS liegen, der Kraftbedarf für das Einblasen des Kohlenstaubes wird bis zu **3,5** KWst/t angegeben. Beim Inbetriebsetzen eines Brenners muß die Luft vor dem Kohlenstaub angestellt werden. Bei normalen Kesseln wird ein kleines Feuer im Verbrennungsraum unterhalten, bis das Mauerwerk genügend heiß ist; beim Bettington-Kessel wird mit einigen Handvoll brennender ölgetränkter Lappen das eingeblasene Kohlenstaub-Luftgemisch fast augenblicklich entzündet.

Bei Kohlenstaubfeuerungen können ebenso wie bei Gasfeuerungen Explosionen auftreten, wenn die Flamme aus irgendwelchem Grunde, etwa durch vorübergehende Stockung in der Zufuhr des Kohlenstaubes oder der Luft, erlöscht ist und plötzlich wieder brennbares Gemisch nachströmt. Auf die sichere Zündung der glühenden Gewölbe darf nicht mit Sicherheit gerechnet werden. Es sollten daher ebenso wie bei Gasfeuerungen Vorrichtungen nicht fehlen, die bei vorübergehender Unterbrechung der Kohlenstaub- oder der Luftzufuhr den Beschickungsapparat für den Kohlenstaub selbsttätig stillsetzen.

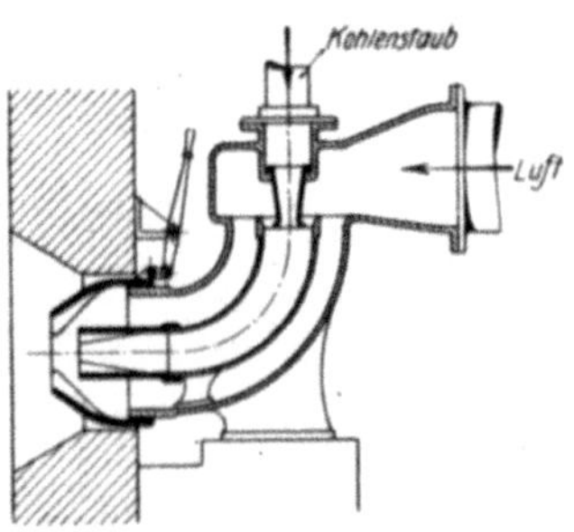

Fig. 41. Bergman-Brenner mit Düsenregulierung.

Bei Anlagen mit mehreren Kesseln können bei manchen Systemen die Vorrichtungen zur Regelung der Staub- und Luftzufuhr zu den Brennern zentral zusammengefaßt und mit elektrischer Fernbetätigung versehen werden, wodurch der Betrieb der Anlage nahezu selbsttätig und mit einem Mindestbedarf an Bedienungsmannschaften durchführbar wird.

b) Verbrennung und Feuerraum.

Die Voraussetzungen für gute Verbrennung und Ausnutzung fester Brennstoffe auf Rosten sind:

1. kleiner Luftüberschuß;
2. gute Durchmischung der aus der Kohle ausgetriebenen, brennbaren Gase mit der Verbrennungsluft;
3. ausreichend hohe Feuerraumtemperaturen;
4. genügend Weg und Zeit zum Ausbrennen der Flamme.

Sie gelten grundsätzlich auch für Kohlenstaub, bei dem gleichfalls im Gegensatz zu Gas der Brennstoff nicht in seinem natürlichen Zustand in den Verbrennungsprozeß eintritt. Denn auch hier erfolgen Vergasung und Verbrennung der „flüchtigen Bestandteile" und Verbrennung der Koks nebeneinander.

Der Unterschied zwischen Gas und Kohlenstaub zeigt sich sehr sinnfällig beim Anstecken der Flamme. Die Gasflamme zündet und brennt ohne weiteres, die Kohlenstaubflamme selbst in reicher Mischung nur bei genügend erhitztem Verbrennungsraum. Es müssen eben aus Kohlenstaub ebenso wie aus grobkörniger Kohle zuerst durch Wärmezufuhr brennbare Gase ausgetrieben und entzündet werden. Durch die entwickelte Wärme wird die Destillation der flüchtigen Bestandteile vollendet und die Vergasung der Koks zu Kohlenoxyd und dessen Verbrennung durchgeführt. Der Gegensatz zwischen der leichten Brennbarkeit der flüchtigen Bestandteile und der trägen Verbrennung der Koks bleibt auch bei Kohlenstaub bestehen. Je gashaltiger eine Kohle ist, um so besser ist sie auch für Staubfeuerungen geeignet. Während aber bei Rosten nur ein Teil der Brennstoffwärme im freien Feuerraum entbunden wird, muß Kohlenstaub vollkommen in schwebendem Zustande verbrannt werden, wenn nicht Verluste und andere Anstände auftreten sollen. Ferner unterscheiden sich beide Feuerungsarten insofern grundlegend, als zwischen dem Verbrennen des Gasgehaltes und der Koks einer Kohle bei Rosten eine gewisse zeitliche Unabhängigkeit herrscht, bei Staubfeuerungen aber nicht. Unverbrannte Koksrückstände können bei Rosten durch Belassen auf der Brennschicht vollends ausgebrannt werden, nachdem der zugehörige Gehalt an flüchtigen Bestandteilen längst verbrannt ist. Insbesondere bei Wanderrosten mit Feuerbrücken und örtlich regelbarer Zufuhr von Luft (oder Unterwind) ist diese Unabhängigkeit sehr groß. Bei Kohlenstaubfeuerungen dagegen muß die Verbrennung des Gasgehaltes und der Koks stetig proportional der zugeführten Brennstoffmenge erfolgen. Vollkommene Verbrennung von Kohlenstaub ist daher nicht um so vieles einfacher, als zuweilen angenommen wird. Sie wird begünstigt durch

hohe Feuerraumtemperaturen,
langen Flammenweg (großen Feuerraum),
feine Zermahlung.

Zwischen Feuertemperatur und Mindestweg für das Ausbrennen der Flamme (im folgenden kurz „Flammenweg" genannt), besteht ein gesetzmäßiger Zusammenhang. Je höher die Temperatur im Verbrennungsraum ist, auf einer um so kürzeren Strecke kann unter sonst gleichen Verhältnissen die Verbrennung durchgeführt werden. Wenngleich die Abhängigkeit des Mindestflammenweges von der Temperatur noch nicht erforscht ist, so kann man doch annehmen, daß Verkürzung des Flammenweges unter ein gewisses Maß unverhältnismäßig hohe Temperatursteigerung erfordert. Es muß daher zwischen Feuerraumtemperatur, Flammenweg und Zermahlung ein möglichst brauchbares Kompromiß angestrebt werden. Die Anwendung hoher

Feuerraumtemperaturen erscheint zunächst um so naheliegender, als Staubfeuerungen ohne Bildung unverbrannter Gase mit wesentlich kleinerem Luftüberschuß arbeiten können als irgendeine Rostfeuerung. CO_2-Gehalte von 16 bis 17 v. H. sind bei Staubfeuerungen leicht erzielbar. Das schnelle Ansteigen der Verbrennungstemperatur mit fallendem Luftüberschuß zeigt Fig. 42 für verschiedene Brennstoffe. Sie wurde berechnet unter der Voraussetzung, daß die Kohlen in natürlichem Zustande verlustlos in einem wärmedichten Raum verbrannt werden. Rein rechnungsmäßig ergeben sich bei Staubfeuerungen auch für hochwertige Steinkohlen infolge der Vortrocknung etwas höhere Verbrennungstemperaturen als in Fig. 42. Tatsächlich aber werden bei kleinem Luftüberschuß die Werte von Fig. 42 infolge von Dissoziation nicht erreicht. Im allgemeinen wird, worauf noch zurückgekommen wird, während der Verbrennung Wärme an die Heizfläche abgegeben, die temperaturmildernd wirkt. Auch durch die Wandungen des Feuerraumes geht eine, wenn auch kleine Wärmemenge verloren. Trotzdem kommt man bei Luftüberschußzahlen zwischen 1,0 bis 1,25 auf Feuerraumtemperaturen von 1600° bis 1700° C. Derart hohe Temperaturen sind zwar im Interesse schneller, guter Verbrennung des Koksgehaltes einer Kohle erwünscht, müssen aber mit Rücksicht auf die Haltbarkeit der feuerfesten Steine und das Schmelzen der Asche vermieden werden. Für Dampfkesseleinmauerungen geeignete Baustoffe sind auf die Dauer Temperaturen über 1550° C nicht gewachsen. Da das Unverbrenn-

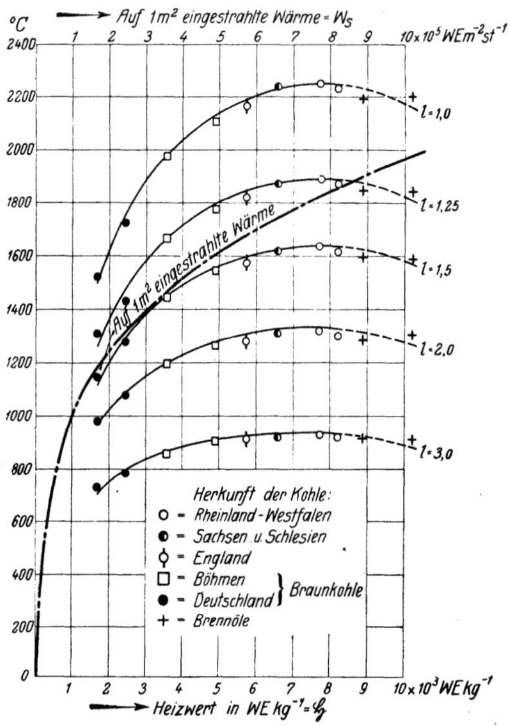

l = Luftüberschußzahl
W_s = Auf 1 m² Heizfläche eingestrahlte Wärmemenge in $WEm^{-2}st^{-1}$ in Abhängigkeit von der Verbrennungstemperatur.

Fig. 42. Ideale Verbrennungstemperaturen bei Verfeuerung verschiedener Brennstoffe im natürlichen Zustande.

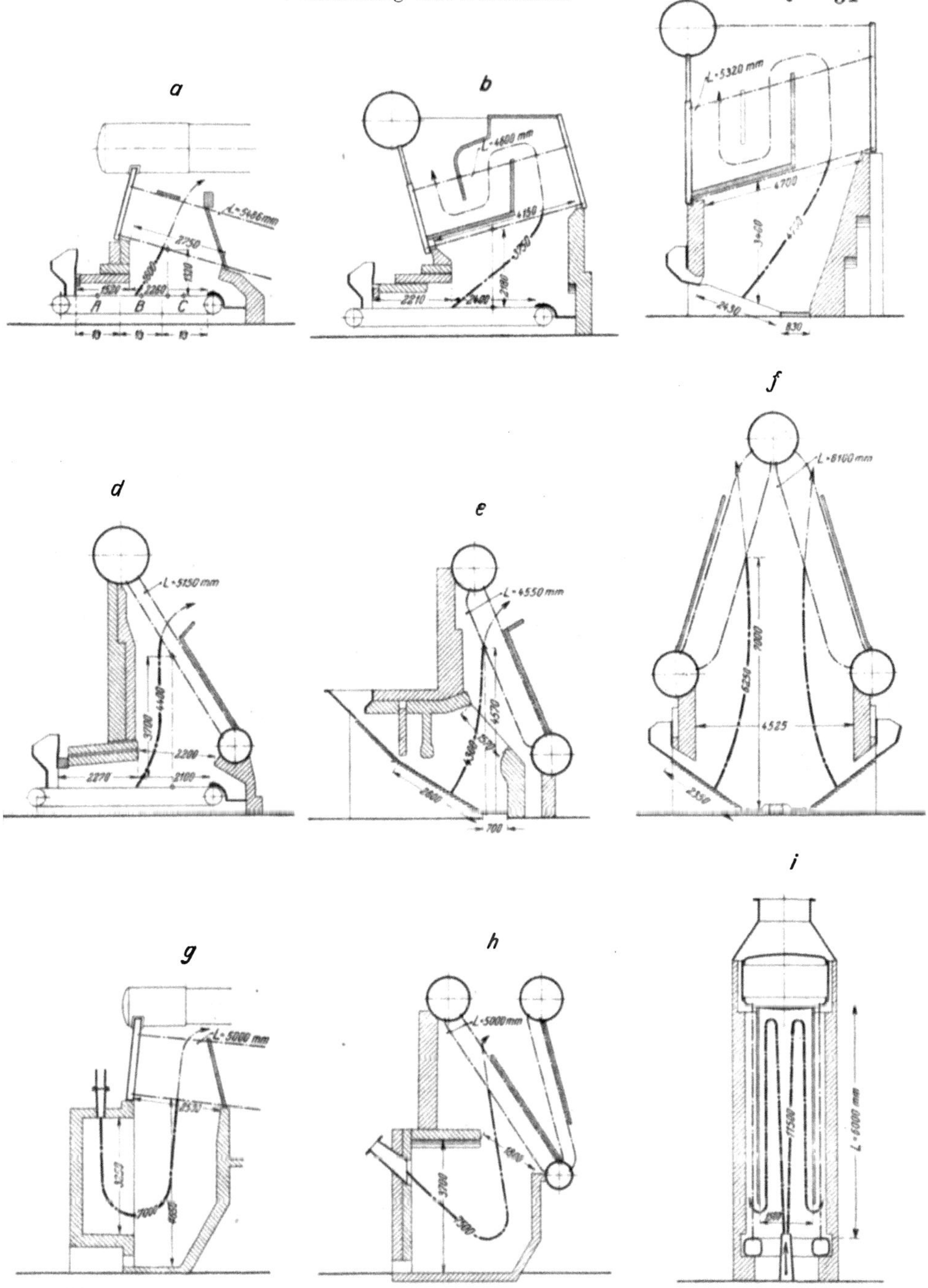

M. ∞ 1 : 200. *L* = Länge der Wasserrohre, —·—·— = mittlerer Flammenweg.
, *b*, *d*, *e* = deutsche Kessel mit mechan. Rosten. *c*, *f* = amerik. Kessel mit mechan. Rosten.
, *h* = amerik. Kessel m. Kohlenstaubfeuerung. *i* = engl. Sonderkessel m. Kohlenstaubfeuerung.
Fig. 43. Feuerräume u. Flammenwege einiger kennzeichnender Dampfkesselbauarten.

liche einer Kohle bei Staubfeuerungen in äußerst fein zerteiltem, meist geschmolzenem Zustand in den Feuerraum eingeblasen wird, dringt es in Risse und Poren der Steine weit leichter ein als die Schlacke bei Rostfeuerungen und gefährdet die feuerfeste Ausmauerung besonders stark, deshalb dürfen auch die Feuertemperaturen nicht wesentlich höher als bei Rostfeuerungen sein. Es ist nicht ausgeschlossen, daß sich bei Staubfeuerungen die starken und heftigen Temperaturwechsel der Rostfeuerungen abschwächen lassen, so daß bei Anfertigung der feuerfesten Steine mehr Gewicht auf Widerstandsfähigkeit gegen Schlackenangriff gelegt werden könnte. Sehr groß wird dieser günstige Einfluß aber voraussichtlich nicht sein. Zufuhr überschüssiger Luft vermindert zwar wirksam hohe Verbrennungstemperaturen, darf aber nur in bescheidenem Umfang angewendet werden, wenn man sich nicht eines der größten, grundsätzlichen Vorzüge von Staubfeuerungen begeben will. Erfahrungen in amerikanischen Anlagen haben gelehrt, daß das Mauerwerk nur kurze Lebensdauer hat, wenn der CO_2-Gehalt höher als 15 bis 16 v. H. ist. Als zulässige Flammentemperatur werden in amerikanischen Veröffentlichungen 1650° C, als zulässige Mauerwerkstemperatur 1340° C angegeben. Ein Temperatursprung von 300° C zwischen Flamme und Wandung scheint auf Grund von Messungen an Kesseln mit selbsttätigen Rosten ziemlich hoch, die Angaben zeigen aber, daß auch bei Kohlenstaubfeuerungen die gleichen Schwierigkeiten durch Schlackenangriff bei hohen Temperaturen auftreten wie bei neuzeitlichen mechanischen Rosten.

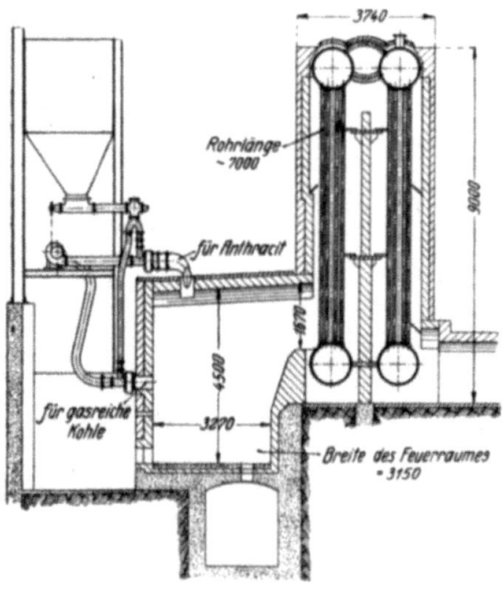

M. ∼ 1 : 225.

Fig. 44. Rust-Kessel mit Fuller-Staubfeuerungen für Anthrazit und gasreiche Kohle.

Auch die Länge des Flammenweges darf bei normalen Kesseln über einen bestimmten Betrag nicht gesteigert werden, da sonst Kohlenteilchen vorzeitig unter dem Einfluß der Schwerkraft aus der Flamme herausfallen könnten. Langer Flammenweg bedingt ferner umfangreiche, feuerfeste Gewölbe, die im allgemeinen temperatursteigernd wirken. Auch die Einmauerungs- und Gebäudekosten wachsen mit der Größe des Feuerraumes ganz abgesehen davon, daß alles entbehrliche, feuerfeste Mauerwerk schon mit Rücksicht auf die Unterhaltungskosten und die Schmiegsamkeit eines Kessels bei raschen Belastungswechseln vermieden werden sollte.

Feinste Ausmahlung der Kohle hat sich immer mehr als wirkungsvollstes Mittel zur Behebung der Schwierigkeiten herausgestellt. Technisch ist sie unschwer möglich, wirtschaftlich aber wegen der hohen Anlage- und Betriebskosten für die Mühlen natürlich nicht erwünscht. Je feiner Kohle zermahlen wird, um so schneller verlaufen die Reaktionen und um so kürzer darf der Flammenweg sein, weil die Berührungsflächen zwischen Luft und Brennstoff vergrößert und die Kohlenteilchen schneller völlig durchwärmt werden. Den günstigen Einfluß feiner Zerpulverung zeigt ein Fall, wo der Wirkungsgrad um 12 v. H. stieg, als man 95 v. H. der Kohle statt früher 88 v. H. auf ein Sieb von 1550 Maschen/cm² ausmahlte. Der Bericht erwähnt, daß gleichzeitig die früheren, durch Schlackenbildung verursachten Schwierigkeiten wegfielen. Der Grund dürfte hauptsächlich darin zu suchen sein, daß sich nicht mehr halbverbrannte Kohlenteilchen in der Feuerung absetzten und große, äußerst harte und schwer entfernbare Schlackenklumpen bildeten. Ganz ähnliche Schwierigkeiten sind z. B. von der Verfeuerung mitteldeutscher Rohbraunkohle unter Kesseln mit mangelhafter Zugführung oder falsch angeordneten Rosten bekannt. Auch das Zuwachsen der Zwischenräume zwischen den Wasserrohren mit einer basaltähnlichen Masse, das in Braunkohlenkraftwerken zuweilen vorkommt, wird bei ungenügender Ausmahlung oder zu niederem Luftüberschuß aus amerikanischen Werken mit Staubfeuerung berichtet.

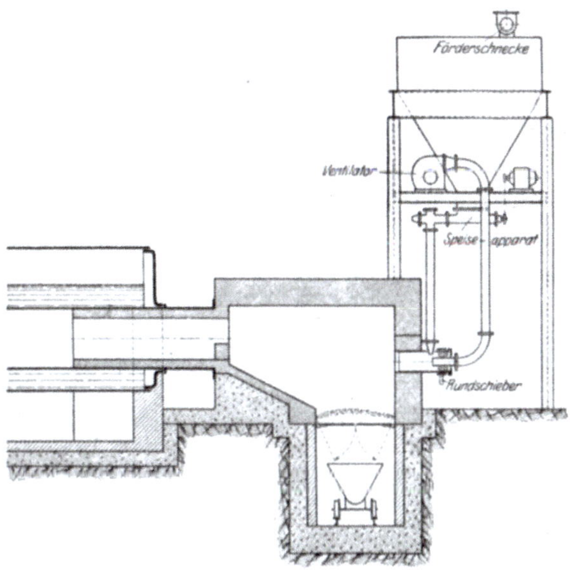

M. ∼ 1 : 135.

Fig. 45. Flammenrohrkessel mit Kohlenstaubfeuerung.

In Fig. 43 sind die Feuerräume verschiedener Kessel deutscher und fremder Herkunft im selben Maßstab zusammengestellt[1]). Die kräftigen, strichpunktierten Linien zeigen den mittleren Flammenweg bis zum Eintritt in die Heizfläche. Auf dieser Strecke muß die Verbrennung vollendet sein, wenn „Rohrdurchbrenner", Verluste durch unverbrannte Gase und andere Übelstände vermieden werden sollen. Sieht man von Kessel a) ab, der für schwache Heizflächenbelastung gebaut ist, so beträgt der mittlere Flammenweg neuzeitlicher Hochleistungskessel mit Wanderrosten bis zu 3,0 bis 4,0 m. Die beiden amerikanischen Kessel (*c* und *f*) haben keine Feuergewölbe. Sie eignen

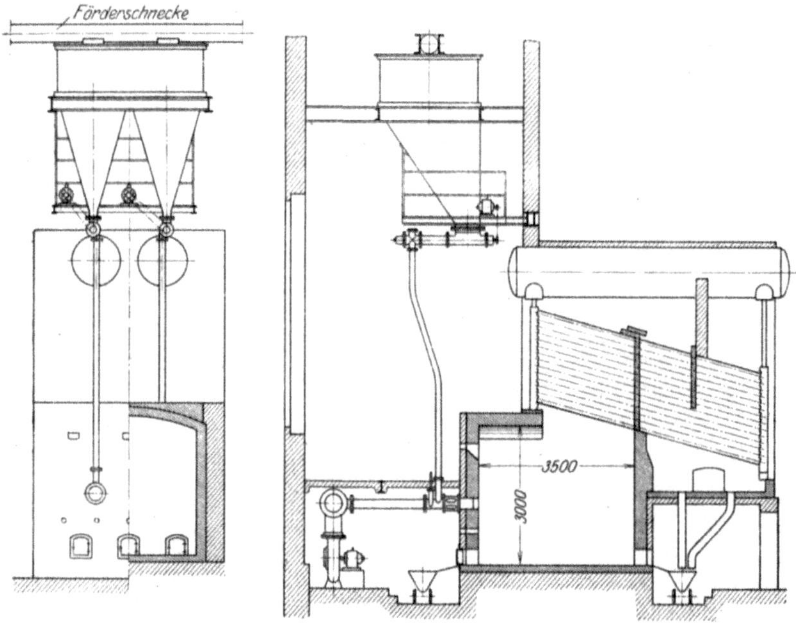

M. ∾ 1 : 165.
(Kohlenstaubzufuhr durch Schnecke)
Fig. 46. Schrägrohrkessel mit Kohlenstaubfeuerung.

sich daher für einen Vergleich mit Kohlenstaubfeuerungen insofern weniger, als die Mischung der brennbaren Gase mit Luft fast ganz ohne mechanische Nachhilfe im freien Feuerraum erfolgen muß, während sie bei den deutschen Konstruktionen durch die Feuergewölbe gefördert wird. Obgleich Kessel mit Kohlenstaubfeuerungen insofern günstiger gestellt sind, als die Durchmischung großenteils in der Düse vollendet ist, haben trotzdem fast alle, bisher veröffentlichten Zeichnungen Flammenwege von rund 7 m. Die Erfahrung scheint kürzere Strecken als unzweckmäßig erwiesen zu haben. Die meisten amerikanischen und englischen Veröffent-

[1]) Fig. 42, 43 und 49 und ein Teil dieser Ausführungen entstammen einer Untersuchung über die Gestaltung des Feuerraumes hoch belasteter Kessel, die an anderer Stelle veröffentlicht wird.

lichungen betonen auch die außerordentliche Wichtigkeit großer, richtig bemessener Feuerräume, aber nur wenige erkennen die Bedeutung eines langen Flammenweges. Der Gasgehalt einer Kohle und die Größe der Verbrennungskammer stehen in engem Zusammenhang. Der Feuerraum muß ferner so bemessen werden, daß auch bei gelegentlichem Wechsel in der Kohlenbeschaffenheit tadellose Verbrennung gewahrt bleibt. Ganz ähnlich wie bei Rosten wird sich eine Anlage für den einen Brennstoff besser als für den anderen eignen, wenngleich voraussichtlich Staubfeuerungen in dieser Hinsicht unabhängiger sind. Aus bereits genannten Gründen sollte der Feuerraum nicht größer als nötig gemacht werden. Flammenführung mit rückkehrender Flamme erfordert den geringsten Aufwand an Mauerwerk, Fig. 43 g. Sie hat den weiteren Vorteil, daß die rückkehrende Flamme den aus dem Brenner austretenden Strahl anwärmt und vor Wärmeabgabe an die Kesselheizfläche gewissermaßen schützt. Besonders bei gasarmen Brennstoffen kann eine solche „Vorwärmung" nutzen. Der Rust-Kessel in Fig. 44 hat einen senkrechten Fuller-Brenner für Anthrazit, einen horizontalen für bituminöse Kohle. Aber auch Fuller scheint mehr und mehr zu ausschließlich senkrechten Brennern überzugehen. Außer den bereits besprochenen Vorteilen kann bei dieser Anordnung Zusatzluft besser und wirkungsvoller durch Öffnungen in den Feuerraumwandungen zugesetzt werden. Fig. 45 bis 47 u. 50 zeigen die Feuerräume anderer Kessel. Einen eigenartigen Weg zur Erzielung eines ausreichenden Flammenweges und einer guten Luftzufuhr beschreitet Moll-Balcke in Neubeckum durch tangentiale Zuführung des Kohlenstaubes in den Verbrennungsraum von Flammrohrkesseln, Fig. 48. Versuchsergebnisse von dieser Vorrichtung wurden noch nicht veröffentlicht.

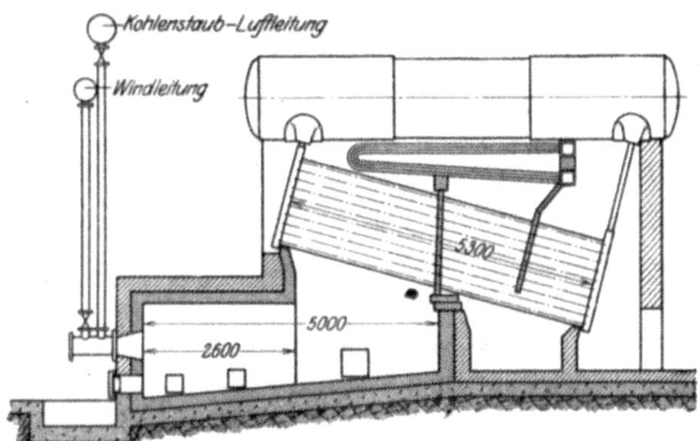

M. ∼ 1 : 150.

(Kohlenstaubzufuhr durch Förderluft, Bauart Holbeck)

Fig. 47. Schrägrohrkessel mit Kohlenstaubfeuerung.

Von einer „normalen" Anordnung des Feuerraumes und der Brenner kann nicht gut gesprochen werden; immerhin haben sich für die verschiedenen Kesselsysteme gewisse, besonders zweckmäßige Bauformen herausgebildet. Übrigens spielen auch Rücksichten auf örtliche Verhältnisse beim Einbau der Brenner eine Rolle.

Für Kessel mit Rosten läßt sich rechnerisch die Gültigkeit folgender, auch durch Erfahrung als richtig bewiesener Sätze nachweisen:

1. Die Feuerraumtemperatur hängt außer vom Gang des Verbrennungsprozesses und von der Größe der Rostfläche und der bestrahlten Heizfläche auch von der gegenseitigen Lage zwischen bestrahlter Heizfläche und Rostfläche ab.

2. Die Feuerraumtemperatur wächst mit zunehmender Heizflächenbelastung.

3. Der verhältnismäßige Anteil der eingestrahlten an der insgesamt aufgenommenen Wärmemenge eines Kessels fällt mit zunehmender Heizflächenbelastung und ist um so größer, je größer das Verhältnis Rostfläche zu Kesselheizfläche ist und je mehr der vom Rost ausgehenden Wärmestrahlen die Heizfläche treffen.

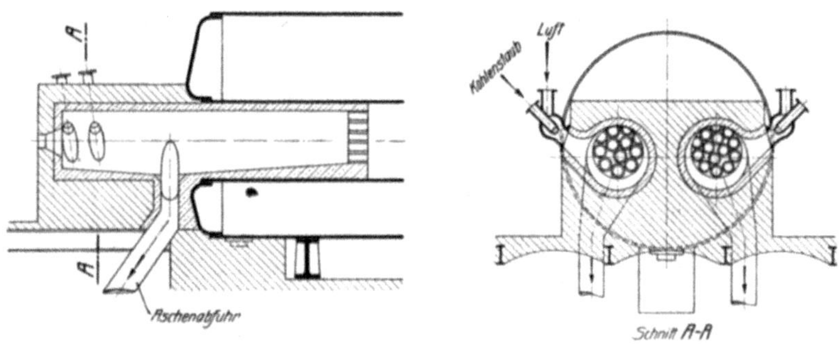

M. $\sim$ 1 : 80.

Fig. 48. Balcke-Moll-Kohlenstaubfeuerung für Flammrohrkessel.

Nimmt man sinngemäß statt der Rostfläche die Oberfläche der Flamme, so gelten diese drei Punkte im großen und ganzen auch für Kohlenstaubfeuerungen.

Die durch Strahlung unmittelbar übertragene Wärmemenge ist um so größer, je größer die ausstrahlende Fläche, d. h. die Flammenoberfläche, und die von Wärmestrahlen getroffene Heizfläche ist. Die fühlbare Wärmemenge in den Rauchgasen am Eintritt in die Kesselheizfläche fällt dagegen mit zunehmender Wärmeübertragung durch Strahlung. Durch Steigern der Strahlungsübertragung kann die Feuerraumtemperatur erniedrigt werden. Arbeiten mit voluminöser Flamme gibt daher unter sonst gleichen Verhältnissen niedrigere Flammentemperaturen. Wie groß der Einfluß ist, möge dahingestellt bleiben, ferner bleibe die Frage offen, ob bei mehreren Brennern mit kurzer Flamme dieselbe Wirkung wie mit weniger und längeren Flammen erzielt wird. Es spielen ja in dieser Hinsicht auch andere Zusammenhänge eine Rolle. Grundsätzlich dürfte der temperaturmildernde Einfluß voluminöser Flammen feststehen. Da oberhalb 1500° C selbst eine kleine

Temperatursteigerung auf die Haltbarkeit des Mauerwerkes großen Einfluß hat, sollten alle Mittel zur verlustlosen Verringerung der Feuerraumtemperaturen ausgenutzt werden und dazu rechnet auch die Anwendung voluminöser Flammen. Das zweite Mittel ist eine Gestaltung des Feuerraumes derart, daß möglichst viele Wärmestrahlen die Heizfläche ohne mehrfache Reflexion durch die Feuerraumwände treffen. Durch geschickte Anordnung der nach der Kesselstirnfläche zu gelegenen Wand, der Bodenfläche und der Rückwand des Feuerraumes, besonders aber durch weite Öffnung des Feuerraumes nach der Heizfläche zu wird die durch unmittelbare Einstrahlung übertragene Wärmemenge erhöht. Nach Fig. 43 haben Feuerräume von Kesseln mit Staubfeuerungen keine so günstige Wärmeausstrahlung nach der Heizfläche wie bei Wander- oder Unterschubrosten. Die Unterschiede sind allerdings bei zweckmäßiger Ausbildung, nicht ganz so groß, wie es zunächst den Anschein hat. Wie weit sie sich ausgleichen lassen, muß die Erfahrung lehren. Man geht aber kaum fehl, wenn man annimmt, daß manche der jetzigen Schwierigkeiten bei Verfeuerung von Kohlenstaub sich durch zweckmäßigere Formgebung des Feuerraumes ganz ähnlich beseitigen oder doch auf ein erträgliches Maß abschwächen lassen werden, wie seinerzeit bei Ausbildung der

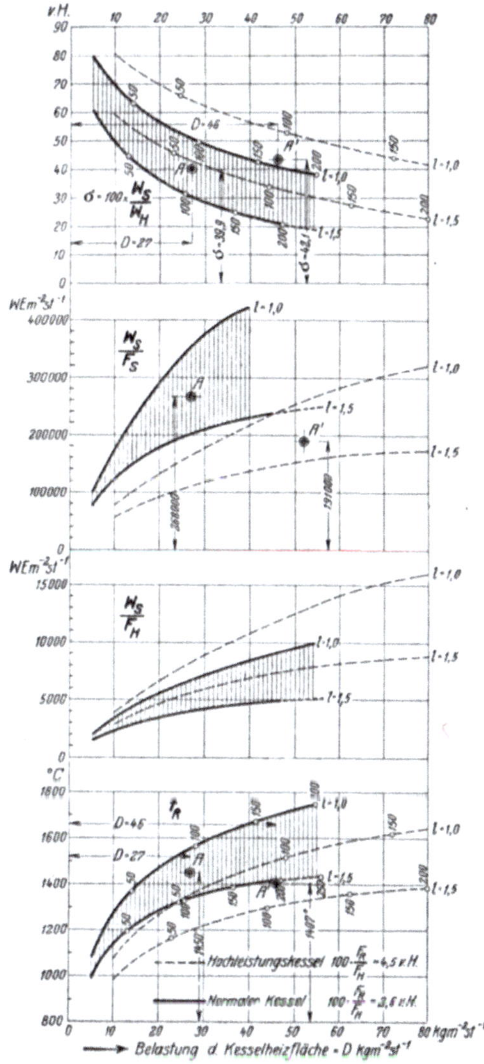

l = Luftüberschußzahl, W_s = stündlich in die Heizfläche eingestrahlte Wärmemenge in WE st^{-1}, W_H = stündlich von gesamter Kesselheizfläche F_H aufgenomm. Wärmemenge in WE st^{-1}, F_s = bestrahlte Kesselheizfläche in m², F_H = gesamte Kesselheizfläche in m², F_R = Rostfläche in m², σ = Verhältnis der in Kesselheizfläche eingestrahlten zur insgesamt aufgenommenen Wärmemenge, t_R = Feuerraumtemperatur.

Fig. 49. Feuerraumtemperaturen und Wärmeaufnahme bei neuzeitlichen Wasserrohrkesseln mit mechanischen Rosten.

Steilrohrkessel zu Hochleistungsdampferzeugern. In Fig. 49 sind für einen Hochleistungskessel und einen normalen Kessel mit Wanderrosten die Feuerraumtemperaturen und die durch Einstrahlung insgesamt und im Verhältnis zur ganzen von der Kesselheizfläche aufgenommenen Wärme übertragenen Wärmemengen für 1,0 und 1,5 Luftüberschuß dargestellt. Da bei den bisher bekannt gewordenen Bauarten von Kohlenstaubkesseln die Feuerräume nach der Kesselheizfläche zu „geschlossener" sind, wird voraussichtlich die Flammentemperatur nicht im selben Maße von der Heizflächenbelastung abhängen wie bei Rosten.

Der Teil des Feuerraumes, gegen den die (rückkehrende) Flamme geblasen wird, sollte so ausgebildet werden, daß sich die Schlacke in einer gewissen Schichthöhe ansammeln kann. Er ist dann vor der größten Hitze und weiterem Schlackenangriff wirkungsvoll geschützt. Öffnungen zum Abstoßen von Schlackenansätzen dürfen nicht vergessen werden, sie dienen gleichzeitig zum Überwachen der Feuerung, Fig. 50.

Ähnlich wie bei Rosten empfiehlt sich auch bei Kohlenstaubfeuerungen mäßige Geschwindigkeit und die Vermeidung von Einschnürungen und scharfen Umlenkungen der Flamme. 2 bis 2,5 m/sec werden als zulässige Höchstgeschwindigkeiten bezogen auf den vollen Querschnitt des Feuerraumes bezeichnet. Ein zutreffenderes Maß gibt aber der Rauminhalt des Feuerraumes bezogen auf die in 1 st verbrannte Kohle, Zahlentafel 11, Zeile 11. Wenngleich 2 bis 2,5 m/sec recht klein erscheinen, so ist doch sicher, daß die Flamme durch zu scharfes Einblasen die Stelle, gegen die sie gerichtet ist, stark angreift und daß nicht alle Kohle vor Erreichen der Heizfläche sicher ausbrennt. Insbesondere Hochdruckbrennern macht man starken Mauerwerksverschleiß, Verluste durch unverbrannten Kohlenstaub und starke Flugaschenbildung zum Vorwurf. Sie passen auch mehr für metallurgische Betriebe, wo es oft darauf ankommt, die Flamme in konzentriertem Strahl auf eine bestimmte Stelle zu lenken.

Die Frage, ob sich Schrägrohrkessel oder Steilrohrkessel für Staubfeuerungen grundsätzlich besser eignen, ist noch nicht geklärt. Steilrohrkessel sind vielleicht in Fällen, wo der Brennstoff öfters wechselt, insofern überlegen, als die Flamme bei Verwendung einer Kohle, für die der Feuerraum etwas zu knapp ist, im Schacht vor dem vordersten Rohrbündel vollends ausbrennen kann.

Alles in allem werden an die feuerfeste Ausmauerung des Verbrennungsraumes bei Kohlenstaubfeuerungen höhere Anforderungen gestellt als bei Rosten. Ihre Einführung und Bewährung hängt daher nicht zuletzt davon ab, ob es gelingt, ein geeignetes, genügend plastisches und gegen hohe Temperaturen und Schlackenangriff widerstandsfähiges Steinmaterial zu finden. Mitteilungen in der Fachpresse, die behaupten, daß die Unterhaltungskosten für das feuerfeste Mauerwerk bei Staubfeuerungen nicht höher seien als bei Rosten, mögen für einige Kohlen mit gutartiger Schlacke zutreffen. Für viele deutsche Kohlen werden bei Staubfeuerungen wahrscheinlich wesentlich höhere Kosten entstehen, wenigstens bei ihrer Verwendung unter normalen Wasserrohrkesseln. Etwas anders liegen die Verhältnisse bei Kesseln mit Innenfeuerungen, wie z. B. Flammrohrkesseln, die freilich für Großkrafterzeugung eine untergeordnete Rolle spielen. Da hier das dünne Schamottfutter allseitig auf dem gut gekühlten Flammrohr aufliegt, wird es nicht so heiß,

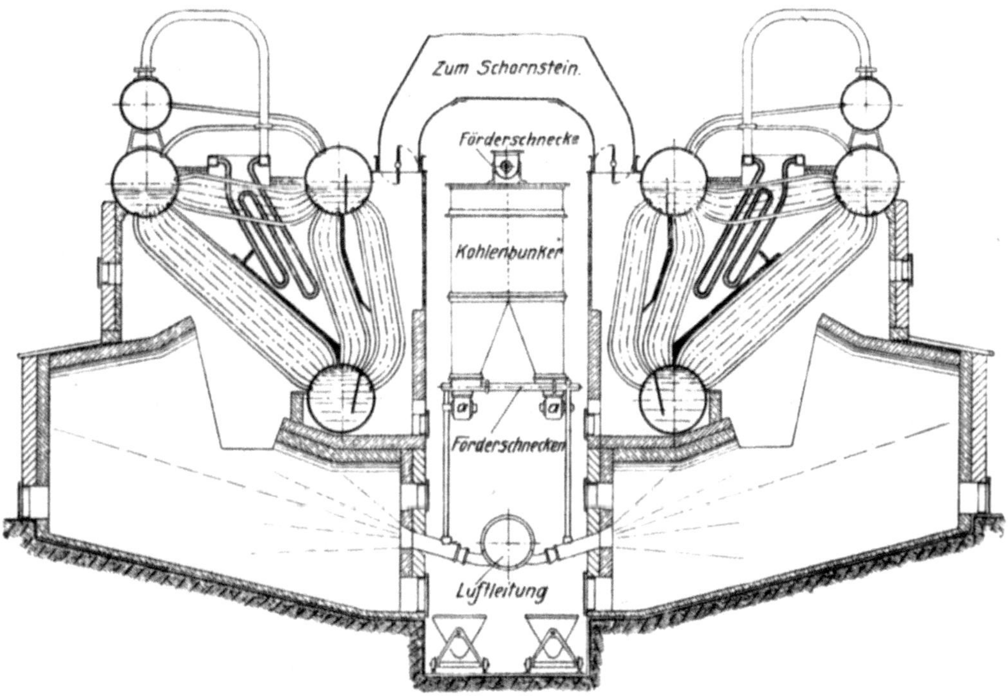

M. ∾ 1 : 160.

Fig. 50. Stirling-Kessel mit Einzelbunkern und zentraler Versorgung mit Verbrennungsluft.

wie in Unter- oder Vorfeuerungen. Das lange Flammrohr gibt ferner einen langen Flammenweg, ohne daß große, ungekühlte, feuerfeste Vorbauten für eine besondere Verbrennungskammer erforderlich sind.

Zum Abziehen der Schlacke müssen Öffnungen über dem Boden des Feuerraumes vorgesehen werden. Die Häufigkeit des Schlackenziehens richtet sich nach dem Gehalt einer Kohle an Unverbrennlichem, nach der Kesselbelastung und dem Anteil der im Feuerraum ausgeschiedenen Rückstände am Gesamtgehalt an Unverbrennlichem. Während manche Veröffentlichungen behaupten, 60 bis 70 v. H. des Aschengehaltes setzen sich im richtig ausgebildeten Feuerraum nieder und nur 1 bis 2 v. H. gehen durch den Schornstein ins Freie, wird letzterer Betrag von anderen Autoren auf 30 bis 50 v. H. angegeben. Es wurden, allerdings von interessierter Seite, für die Flugaschenmenge sogar Werte bis zu 80 v. H. genannt. Bei Verfeuerung von mitteldeutscher Rohbraunkohle, die gleichfalls leichte und feine Asche gibt, ziehen etwa 30 bis 50 v. H. des Unverbrennlichen durch den Schornstein ab. Es ist anzunehmen, daß bei Staubfeuerungen die Verhältnisse ähnlich liegen. Der Schornstein muß daher unter Umständen höher sein, als lediglich zur Erzeugung des erforderlichen Zuges nötig wäre, wenn keine Ekonomiser oder Flugaschenfänger vorhanden sind. Der Rückständeanfall im Feuerraum hängt zweifellos auch von seiner Anordnung ab. Der Feuerraum muß ferner so bemessen werden, daß auch bei Anstauung von Schlacke die Entwicklung der Flamme nicht gehindert wird, was besonders bei rückkehrender Flamme zu beachten ist. Das Schlackenziehen wird voraussichtlich nicht so bequem sein wie bei Wander- oder Schrägrosten, da die Schlacke nicht in Trichtern, die der größten Hitze entzogen sind, vor dem Abziehen lagert und da sie meist von Hand gezogen werden muß. In manchen Fällen dürfte das Entfernen der Schlacke größere Schwierigkeiten bereiten und die Brauchbarkeit einer Staubfeuerung in Frage stellen.

IV. Sonderkessel für Kohlenstaubfeuerungen.

a) Allgemeines.

Der Gedanke lag nahe, für Verfeuerung von Kohlenstaub Sonderkessel zu bauen, um den eigentümlichen Verhältnissen bei dieser Betriebsweise besser gerecht zu werden. Sonderkessel haben aber mit einer einzigen Ausnahme, dem Bettington-Kessel, weitere Verbreitung nicht gefunden.

b) Bettington-Kessel.

Bettington war der Erste, der die für Verfeuerung von Kohlenstaub unter Dampfkesseln maßgebenden Gesichtspunkte klar erkannte und grundsätzlich neue Wege einschlug, um der Schwierigkeiten Herr zu werden, die bis dahin der Kohlenstaubfeuerung entgegenstanden. Die ersten Konstruktionen wurden in Südafrika ausprobiert, wo es sich darum handelte, minderwertige, aschenreiche Kohlen zur Dampferzeugung heranzuziehen. Die Versuche wurden später in Nordamerika fortgesetzt und führten zu der jetzigen, in England hergestellten Bauart.

Zur Zeit der Einführung des Bettington-Kessels machte besonders die Erzeugung sehr feinen Kohlenstaubes und die Ausmauerung der Verbrennungsräume Schwierigkeiten. Zur Aufstellung der in Zement-

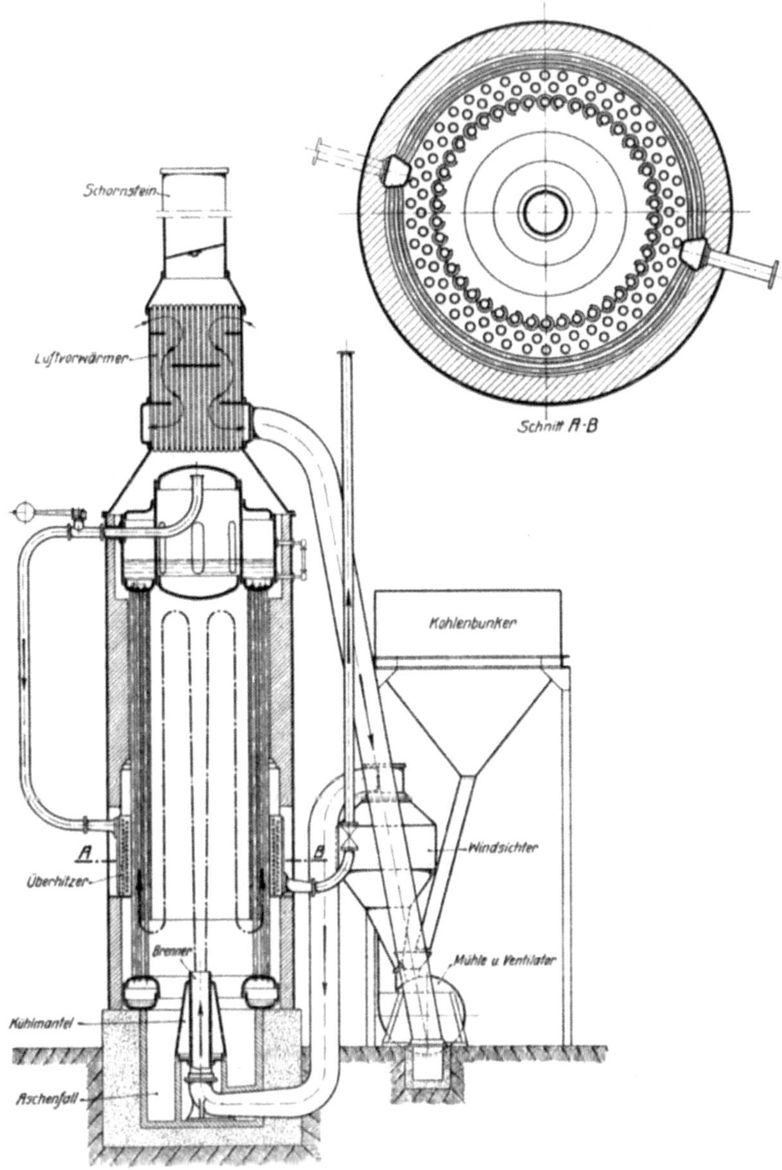

—·—·— Flammenweg. M. ∾ 1 : 130. Querschnitt M. ∾ 1 : 65.
Fig. 51. Bettington-Kessel mit Mühle und Bunker für Rohkohle.

fabriken verwendeten Trockentrommeln konnte man sich jenesmal in Dampfkesselbetrieben noch nicht entschließen. Sie wären auch für kleine Werke mit nur einem Kessel viel zu teuer und verwickelt geworden. Es mußten daher folgende Forderungen erfüllt werden:

1. Vermeiden besonderer Trockentrommeln und Verbrennen der Kohle im natürlichen Zustande.
2. Gestaltung des Feuerraumes und Leitung des Verbrennungsprozesses derart, daß auch gröbere Kohlenteilchen restlos verbrennen und eine möglichst einfache Kohlenmühle ausreicht.
3. Aufrechterhaltung einer guten Durchmischung von Kohlenstaub und Luft bis zur völlig beendeten Verbrennung. (Größere Staubteilchen bevorzugen meist eine bestimmte Richtung und brannten daher unter normalen Kesseln nicht völlig aus.)
4. Schaffung einer Ausmauerung von genügender Widerstandsfähigkeit.
5. Bequeme Entfernung der Schlacke.

Im Gegensatz zu anderen Konstruktionen verwendete Bettington erstmals:

a) senkrecht nach oben gerichtete Brenner,
b) pilzförmig rückkehrende Flammen,
c) zum Brenner konzentrisch angeordnete Heizflächen,
d) eigenartig ausgemauerte Feuerräume.

Das Gemisch wird durch eine senkrechte Düse in den zu ihr konzentrischen, von den Wasserrohren und dem Boden der Obertrommel gebildeten Feuerraum eingeblasen, Fig. **43i** u. **51**. Die senkrechten, geraden Wasserrohre sind ringförmig in die Kesseltrommeln eingewalzt. Die Überhitzerrohre umschlingen die äußersten Wasserrohre. Die Flamme wird am Boden der Obertrommel umgelenkt und strömt, indem sie den ansteigenden Strahl allseitig pilzförmig umgibt, am unteren Ende der Wasserrohre in den zweiten Zug. Durch diese eigenartige Flammenführung wird der aus der Düse austretende Strahl sehr wirkungsvoll angewärmt und immer wieder entzündet. Auf dem hochsteigenden Ast des Flammenweges herrschen daher höhere Temperaturen als bei einer Flammenführung ohne pilzförmig niedersteigende Gashülle. Dadurch reichen niedrigere Mauerwerkstemperaturen und gröbere Mahlung aus. Da Schwerkraft und Beharrungsvermögen des eingeblasenen Kohlenstaubes dauernd in derselben Richtung wirken, ist die Gefahr vorzeitigen Ausscheidens unverbrannter Kohlenteilchen aus dem Gasstrom unabhängig von der Korngröße weit geringer als bei horizontaler oder schräger Flamme. Auf dem hochsteigenden Flammenweg nimmt die Geschwindigkeit der Luft schneller ab als die der Kohlenteilchen, im absteigenden erreichen und übersteigen letztere infolge der Schwerkraft allmählich die Luftgeschwindigkeit. Dadurch wechseln die Brennstoffkörnchen dauernd ihre Lage gegenüber der sie umgebenden Lufthülle und finden stets frischen Sauerstoff zur Verbrennung. Die Gefahr teilweisen Luftmangels ist daher nicht so groß wie bei wagerechter oder schräger Flammenrichtung, wo Gasströmung und Schwerkraft senkrecht zueinander wirken. Endlich ist der gesamte Flammenweg wesentlich länger als bei irgendeiner anderen Anordnung, ohne daß Austrahlungsverluste infolge ausgedehnter, freier Mauerwerksoberflächen zu befürchten sind, Fig. 43. Die Verbrennung ist im allgemeinen an der oberen Umkehr der Flamme beendet, nur gröbere Kohlenkörner brennen im niedersteigenden Gasstrom vollends aus. Auch aus diesem Grunde kommt man mit einer weniger feinen Ausmahlung und der einfachen, einstufigen Bettington-Mühle aus.

Bettington-Kessel können auch mit Öl oder Gas beheizt werden. Auch ein gleichzeitiger Betrieb mit Kohlenstaub und Gas ist durch entsprechende Ausbildung des Brenners möglich, Fig. 34. Es sollen Kohlen bis 15 v. H. Wassergehalt und bis 30 v. H. Aschengehalt verwendbar sein. Beim Durchströmen der heißesten Zone schmilzt die Schlacke, ein Teil davon fließt am Futter des Feuerraumes nieder und bleibt unter der Einwirkung der niederströmenden Gase flüssig, bis er die untere Umführungskante der Ausmauerung erreicht. Da die Schlackenschmelze an der kalten Heizfläche abgeschreckt wird, fällt sie zu Klumpen erstarrt in den Aschfall. Stalaktiten, die an der Ausmauerung gelegentlich hängen bleiben, können in einer Belastungspause durch leichtes Anstoßen abgebrochen werden, Fig. 52. Diesen Schlackenregen hat Bettington in außerordentlich geschickter Weise als Ersatz für feuerfesten Mörtel nutzbar gemacht. Zwischen die innersten Wasserrohre werden die Schamottsteine nämlich nur lose eingeschoben, Fig. 51. Beim ersten Anheizen versuchen die Gase zwischen den zahlreichen Fugen unmittelbar in den zweiten Zug zu strömen, wobei die Schlacke schnell erstarrt und die Hohlräume verstopft. Die eigentliche Ausmauerung überzieht sich dann in kurzer Frist mit einer völlig dichten Schlackenhaut, die durch dauernd nachfließende Schlacke auf einer bestimmten Stärke gehalten wird. Die Wasserrohre kühlen die Schamottsteine und schützen

M. 1 : 3.
Fig. 52. Schlackenstück aus einem Bettington-Kessel.

sie vor der Auflösung durch Schlacke. Man kommt deshalb mit sehr wenig feuerfesten Baustoffen aus. Da sich die Rückstände in festem, gekühltem Zustande im Aschenfall ablagern, ist der Bettington-Kessel in der Entschlackung normalen Wasserrohrkesseln mit Staubfeuerung zweifellos überlegen. Die Abgase ziehen durch Vorwärmer für das Speisewasser und die Verbrennungsluft zum Schornstein.

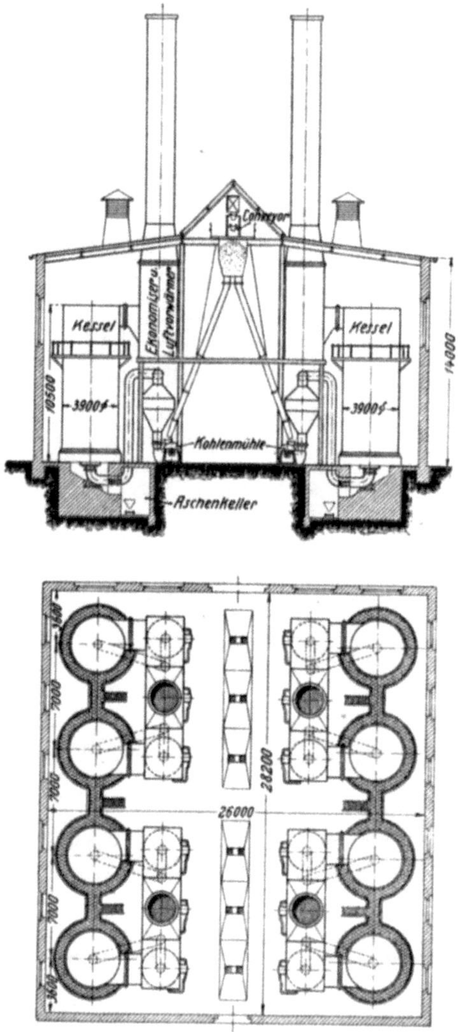

M. ∾ 1 : 500.
Fig. 53. Anlage mit Sonderkesseln für eine Dampferzeugung von 150 t/st.

Der Luftvorwärmer wird entweder unmittelbar über den Kessel gesetzt, Fig. 51, oder zusammen mit dem Wasservorwärmer daneben gestellt, Fig. 53. Die Wasserrohre sind durch kleine Verschlußdeckel in der Obertrommel auswechselbar. Durch die konzentrische Beheizung und die ganze Art seines Aufbaues ist der Kessel sehr elastisch. Dieser Umstand ist von besonderer Bedeutung, weil auch die feuerfeste Ausmauerung infolge ihrer kleinen Masse und ihrer „Selbstdichtung" durch niedertropfende Schlacke gegen schroffen Temperaturwechsel unempfindlicher ist als irgendeine Ausmauerung normaler Kessel. Bettington-Kessel können daher ohne Schaden in kürzester Frist angeheizt und auf volle Leistung gebracht werden. Beispielsweise wird zur Vermeidung von Leerlaufsverlusten in Fabriken der Kessel durch Abstellen der Kohlenmühle während der Mittagspause stillgesetzt. Es genügt, wenn die Mühle etwa 5 Minuten vor Wiederaufnahme der Arbeit angelassen und die Flamme durch einige brennende Putzlappen angesteckt wird. Wie Fig. 54 zeigt, wurde der mit kaltem Wasser gefüllte und völlig ausgekühlte Kessel in 22 min 14 sec auf vollen Dampfdruck gebracht, nach einer 12stündigen Betriebspause genügten 9 min 6 sec. Einige neuzeitliche Elektrizitätswerke haben zwar auch die Anheizzeit normaler Wasserrohrkessel mit kleinem Wasserinhalt durch besonders präparierte Wanderroste (in die Kohlenschicht wurden Bahnen mit ölgetränkten Lappen gelegt) und durch Einführen von Frischdampf in eine Wasserumlaufvorrichtung auf etwa 15 bis 30 min herunter zu drücken verstanden. Öfteres derart schnelles Anheizen strengt aber die feuerfeste Ausmauerung und den Kessel außerordentlich an. Es soll ja auch nur im Falle der Not erfolgen. Abgesehen von Schwierigkeiten

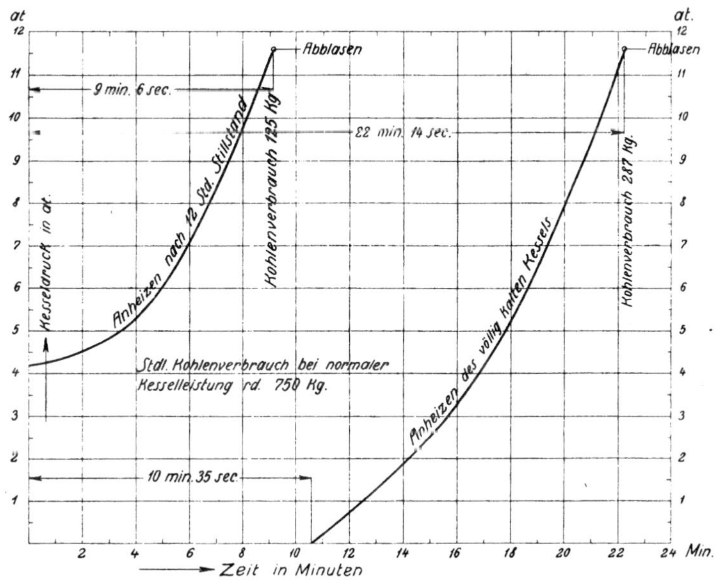

Fig. 54. Anheizversuche an einem Bettington-Kessel.

der Verbrennung während des Anheizens verhindern die umfangreichen feuerfesten Gewölbe normaler Wasserrohrkessel die volle Ausnutzung der Möglichkeiten, die Kohlenstaub hinsichtlich sofortigen Anstellens der Feuerung bietet. Für Betriebe mit Pausen während der Arbeitsschichten, besonders aber für Werke mit nur einer Arbeitsschicht dürfte der Bettington-Kessel in dem fast völligen Wegfall der Stillstandverluste bisher unerreicht sein. Da bei ihm die Kohle nicht vorgetrocknet wird, muß der Kohlenstaub sofort nach seiner Herstellung verbrannt werden. Die Mühlen müssen daher für volle Spitzenleistung bemessen sein. Stapelung des Kohlenstaubes bei Verwendung von Bettington-Mühlen ist nicht möglich. Wohl aber kann der Bettington-Kessel als solcher mit jedem beliebigen System von

Kohlenmühlen betrieben werden. Die Kessel werden in 5 Größen für Normalleistungen von 3600 kg/st bis 18000 kg/st Dampf geliefert. Die größten Kessel erhalten 2 Kohlenmühlen. Es sind zahlreiche Bettington-Kessel zum Teil in langjährigem Betriebe. Der Umstand, daß sie trotz ihrer unbestreitbaren Vorzüge noch keine größere Verbreitung

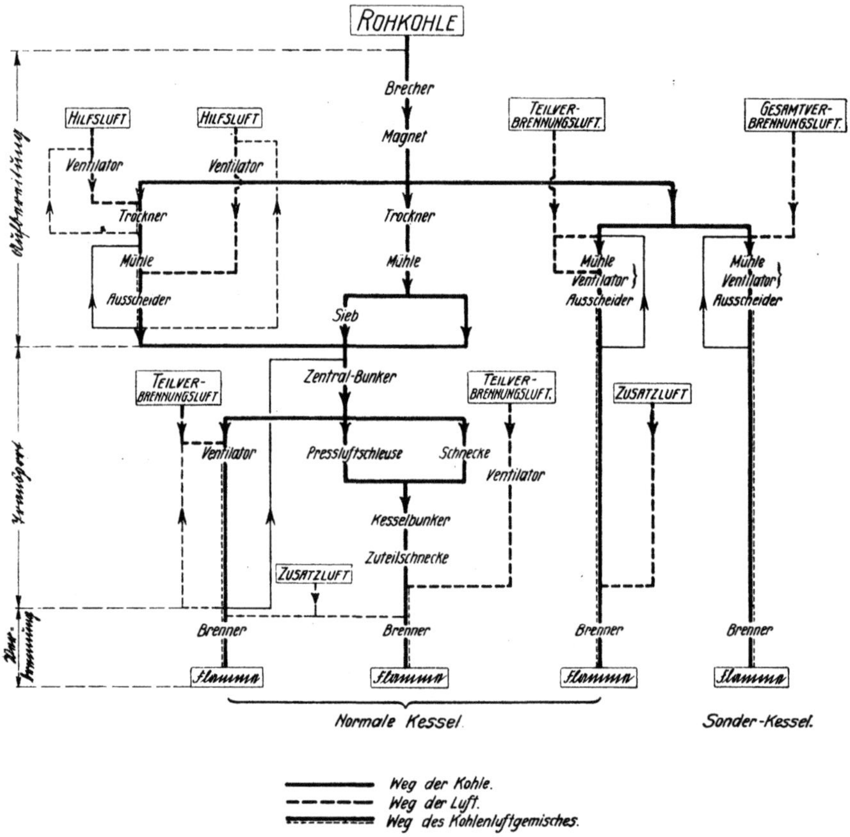

Fig. 55.

Schema des Arbeitsganges verschiedener Kohlenstaubfeuerungssysteme.

gefunden haben, dürfte außer auf den Krieg auch auf geschäftspolitische Gründe zurückzuführen sein.

Fig. 55 zeigt in schematischer Darstellung das Arbeiten der verschiedenen Systeme von Kohlenstaubfeuerungen und die Zahl der erforderlichen Zwischenglieder zwischen Rohkohle und Flamme. Man erkennt auch hieraus die große Bedeutung von Sonderkesseln für die Einfachheit und Brauchbarkeit von Kohlenstaubfeuerungen in Dampfkraftwerken.

V. Feuerfeste Baustoffe und Einmauerung.

a) Rohstoffe für feuerfeste Steine.

Die Bewährung von Kohlenstaubfeuerungen für ortsfeste Dampfkessel ist großenteils eine Frage der Einmauerung bzw. der Verwendung geeigneter feuerfester Steine. Herstellung und Eigenschaften dieser Baustoffe kommt daher ganz besondere Bedeutung zu. Ihre Kenntnis ist unerläßlich, wenn Entwurf und Ausführung der Einmauerung den hohen Anforderungen von Kesseln mit Kohlenstaubfeuerungen genügen sollen.

Feuerfeste Steine müssen etwa folgende Eigenschaften haben:

1. Widerstandsfähigkeit gegen hohe Temperaturen, ohne zu erweichen oder gar zu schmelzen;
2. Widerstandsfähigkeit gegen die chemische Einwirkung der — oft flüssigen — Schlacke;
3. gute mechanische Festigkeit, ohne durch den Einfluß wechselnder Temperaturen zu reißen;
4. Raumbeständigkeit, d. h. mäßige Wärmeausdehnung und kleine bleibende Formänderung bei wiederholtem Erhitzen und Abkühlen.

Ein feuerfester Stein kann einzelnen dieser Anforderungen um so besser angepaßt werden, je weniger die übrigen berücksichtigt zu werden brauchen. Da bei Kohlenstaubfeuerungen sämtliche vier Punkte eine Rolle spielen, werden an das feuerfeste Mauerwerk sehr hohe Anforderungen gestellt. Der Angriff der Schlacke ist infolge ihres oft flüssigen, äußerst fein verteilten Zustandes besonders gefährlich. Die Beschaffung geeigneten Baumaterials ist daher für Staubfeuerungen noch schwieriger als für mechanische Roste.

Feuerfeste Steine für Dampfkesseleinmauerungen werden aus folgenden Rohstoffen hergestellt:

a) Basische Bestandteile: Roher Ton als Bindemittel und gebrannter, auch Schamotte genannter Ton. Hochwertige Tone schmelzen bei SK (Segerkegel) 37 bis 38 (1830 bis 1850° C).

b) Saure Bestandteile. Quarzite und Quarzsande, die fast frei von Al_2O_3 sind und nur roh verarbeitet werden.

Guter Quarzit enthält durchschnittlich 97,5 v. H. SiO_2; 1,5 v. H. Al_2O_3; 0,5 v. H. Fe_2O_3 und hat SK 35 bis 36 (1770 bis 1790° C). Nur wenig Quarzite eignen sich für die Fabrikation feuerfester Steine.

Man unterscheidet zwischen Schiefertonen, plastischen Tonen und Kaolinen. Schiefertone sind meist sehr rein, sehr feuerfest, haben hohen Al_2O_3-Gehalt, aber wenig Bindefähigkeit. Man verwendet sie daher häufig als Schamotte. Die Zusammensetzung der plastischen Tone und ihre Feuerbeständigkeit wechselt sehr, sie haben aber große

Bindekraft. Kaoline sind sehr rein und feuerbeständig, enthalten bis 44 v. H. Al_2O_3, binden aber schlecht.

Für die in Deutschland meist benutzten Tone und Tonschiefer werden folgende Gehalte an Al_2O_3 genannt:

Niederschlesischer Ton	43 v. H.
Westerwald- und Pfälzer Ton . . .	42 „
Böhmischer Tonschiefer	44 „

Ton ist um so wertvoller, je mehr Al_2O_3 und je weniger Flußmittel (CaO, MgO, Fe_2O_3 und TiO_2), die höchstens 4 v. H. ausmachen sollen, er enthält. Verhältnismäßig unreine Tone sind reinen Tonen mit hohem Gehalt an Al_2O_3 infolge ihrer größeren Plastizität und Unempfindlichkeit gegen Temperaturwechsel zuweilen überlegen. Sehr plastische Tone geben zwar dichten Stein, zerklüften aber beim Brennen und Trocknen leicht. Sie müssen deshalb durch Zusatz von Schamotte oder Quarz „gemagert" werden, wodurch der Schmelzpunkt sinkt.

b) Herstellung feuerfester Steine.

Zuschläge und Herstellung feuerfester Steine richten sich nach ihrem Verwendungszweck. Als Baustoffe für Dampfkesseleinmauerungen kommen Quarzschiefer und Schamottsteine in Betracht.

Quarzschiefer hält hohe Temperaturen aus, ist aber gegen Temperaturwechsel empfindlich und in der Faserrichtung gegen die Einwirkung des Feuers nicht so widerstandsfähig wie senkrecht dazu. Immerhin haben sich in einigen Kesselanlagen Feuergewölbe aus Quarzschiefer bei Wanderrostfeuerungen und Steinkohle bewährt. Doch überwiegt die Verwendung von Schamottsteinen die von Quarzschiefer bei weitem.

Es ist üblich, Schamottsteine je nach ihrem Gehalt an SiO_2 und an Al_2O_3 als „sauer" oder als „basisch" zu bezeichnen, diese Art der Einteilung ist aber schwankend und unsicher.

Im Dampfkesselbau wird oft zu viel Wert auf hohen SK gelegt. Steine für die Feuergewölbe und den heißesten Teil des Feuerraumes sollen etwa SK 32 bis 33 (1710 bis 1730° C) haben. Steine mit höherem SK sind sehr teuer, ohne daß der höhere Schmelzpunkt viel nützt, da zwischen SK 32 (1710°) und SK 34 (1750°) nur ein kleiner Temperaturunterschied besteht.

Dem Schmelzen eines feuerfesten Steines geht eine eigentümliche, teigartige Zwischenstufe zwischen festem und flüssigem Zustand voraus. Bei einem Versuche sank z. B. ein belasteter Stab in erhitzte hochfeuerfeste Steine schon 220 bis 440° C unter dem Schmelzpunkt ein. Viele Schamottsteine halten bei 1200° C eine Belastung von 5 kg/cm^2 nicht mehr aus. Ist daher feuerfestes, hocherhitztes Mauerwerk zu stark belastet, so gibt es unter Umständen schon lange vor dem Schmelzpunkt nach und stürzt gegebenenfalls vorzeitig ein. Die Schmelzung eines feuerfesten Steines ist in Wirklichkeit eine Auflösung und folgt den für Lösungen und Legierungen gültigen Gesetzen. Der Schmelzpunkt einer Legierung richtet sich nach ihrer Zusammensetzung und liegt oft tiefer als der ihres am niedrigsten schmelzenden Bestandteiles. Die bei der tiefsten Temperatur schmelzende Legierung derselben Stoffe heißt die eutektische. Schamottsteine enthalten außer Al_2O_3 und SiO_2 noch Fe_2O_3, CaO, MgO und Alkalien. Feuerfeste Steine können schmelzen, sobald sie über den Schmelzpunkt der eutektischen Lösung ihrer Bestandteile erhitzt werden. Bei inniger Berührung der Flußmittel unter sich und mit dem Ton entsteht zunächst die am leichtesten schmelzende Lösung, die viel Flußmittel und wenig Al_2O_3 enthält. Bei weiterer Erwärmung wird allmählich der Schmelzpunkt schwerer schmelzender Lösungen erreicht, so daß immer mehr SiO_2 und Al_2O_3 in Lösung übergehen. Deshalb erweichen Schamottsteine allmählich.

Ton hat einen um so höheren Schmelzpunkt, je mehr Al_2O_3 er enthält und je reiner er ist. Schon ein kleiner Prozentsatz an Flußmitteln setzt seinen Schmelzpunkt stark herab. Auch das Mischungsverhältnis von Al_2O_3 zu SiO_2 ist von großem Einfluß auf den Schmelzpunkt.

Die Widerstandsfähigkeit gegen Schlackenangriff hängt ab von:

1. der Zusammensetzung der Schlacke,
2. der Feuerraum- bzw. Steintemperatur,
3. der Zusammensetzung und
4. der Dichtigkeit des Steines.

Je höher die Temperatur ist, um so leichter entsteht aus den im Stein enthaltenen Flußmitteln eine Lösung, die sein Erweichen einleitet. Gleichzeitig versuchen die Lösungsstoffe der Schlacke in den Stein einzudringen. Im allgemeinen wird daher ein feuerfester Stein nur dann durch Auflösung zerstört, wenn sein Gefüge nicht genügend dicht ist, um das Eindringen der Schlacke zu verhindern oder wenn die chemische Struktur der Schlacke besonders aggressiv gegen das Schamottmaterial ist. Überwiegend basische Körper, MgO, CaO und Fe_2O_3 sind äußerst gefährlich. Bildet sich aus dem feuerfesten Steinmaterial und der Schlacke ein zäher Überzug, der selbst nicht weiter in den Stein eindringt, so schützt er die Ausmauerung oft vor weiterem Schlackenangriff. Die stärksten Zerstörungen bewirken Erdalkalien und Eisenverbindungen. Da sie in Verbindung mit Al_2O_3 aber zum Teil schwer schmelzbar sind, halten tonerdereiche Schamottsteine Schlackenangriff meist besser aus. Versuche mit Schamottsteinen, die mit verschiedenem Wasserzusatz (7 bis 15 v. H.) hergestellt und bei verschiedenen SK gebrannt worden waren, ergaben, daß der Schlackenangriff um so stärker ist, mit je höherem Wasserzusatz und SK die Steine gebrannt wurden. Insbesondere Eisenoxyd im reduzierenden Feuer verursacht gewaltige Zerstörung. Die Widerstandsfähigkeit feuerfester Steine gegen die Alkalien der Schlacke nimmt mit wachsendem Gehalt an Al_2O_3 wahrscheinlich auch aus dem Grunde zu, weil ein Al_2O_3 reiches Material im Feuer sein Gefüge wenig ändert und dadurch das Eindringen der Schlacke erschwert. Bei vielen Kohlen mit aggressiver Schlacke ist daher scharfer Brand und dichtes Gefüge wichtiger als ungewöhnlich hoher SK oder sehr hoher Al_2O_3-Gehalt.

Steine mit niedrigerem SK und verhältnismäßig kleinem Al_2O_3-Gehalt, die zunächst einen weniger günstigen Eindruck machen, genügen den gestellten Anforderungen manchmal vollauf und sind nicht selten wirtschaftlicher als hochwertige, teure Marken. Endlich muß ein feuerfester Stein raumbeständig und unempfindlich gegen Temperaturschwankungen sein. Reiner Ton schwindet im Feuer, man setzt ihm daher Schamotte zu oder auch Quarz, der bei Erhitzung wächst. Quarzzusatz drückt allerdings den Schmelzpunkt herab.

Schamottsteine werden bei SK 9 bis 12 (1280 bis 1350° C) gebrannt. Scharfes Brennen und inniges Durchmischen der richtig bemessenen Zuschläge erhöhen die mechanische Festigkeit. Ein guter, widerstandsfähiger Stein soll keine größeren Quarzkörner enthalten und beim Beklopfen hell klingen. Scharf gebrannte Steine klingen stets hell. Die Quarzitkörner sollen nicht größer als 3 mm sein, weil gröbere Körner durch ihr Wachsen die umliegende Steinmasse lockern und sprengen und das Eindringen der Schlacke erleichtern. Als Durchschnittswerte kann bei guten Steinen eine Porosität von etwa 15 v. H. und ein Nachschwinden von etwa 3 v. H. angesehen werden. Die Porosität eines Steines wird bestimmt, indem der vorher sorgfältig getrocknete Stein in Wasser gekocht und dann 24 st im erkaltenden Wasser liegen gelassen wird. Die Gewichtszunahme gibt ein Maß von der Dichtigkeit des Gefüges. Mauerwerk aus feuerfesten Steinen wächst beim Erhitzen bei weitem nicht so stark, als auf Grund der Ausdehnungszahl der Steine angenommen werden sollte, weil die Fugen zwischen den Steinen, vielleicht aber auch die Poren der Steine zusammengedrückt werden.

Die Farbe eines Schamottsteines hängt von der Brennfarbe der zu seiner Herstellung verwendeten Rohstoffe ab und ist kein ganz sicheres Zeichen für seine Güte. Sächsische Steine, für die häufig weiß brennende Kaoline benutzt werden, sehen meist weißlich, westdeutsche Steine meist braungelb aus. Bräunliche Farbe rührt zwar im allgemeinen vom Eisenoxydgehalt des benutzten Tones her, der aber oft so nieder ist, daß er den Schmelzpunkt nicht wesentlich herabdrückt.

Im Zweifelsfall empfiehlt sich die Übersendung einer Probe an ein keramisches Laboratorium, dessen Untersuchungen sich auf folgende Punkte zu erstrecken haben:

Zahlentafel 4.

Untersuchungsergebnisse einiger Schamottsteine.

Nr.	1	2	3	4	5	6	7
Verwendungszweck der Steine	Feuergewölbe			Feuerungswangen und Feuerbrücke		zweiter Zug	
	Chemische Zusammensetzung:						
Glühverlust . . . . v. H.	0,26	0,48	0,17	0,13	0,20	0,20	0,36
Kieselsäure . . . . ,,	59,83	70,86	71,97	64,44	71,33	76,45	82,56
Tonerde. . . . . . ,,	36,30	26,43	26,05	32,80	26,53	20,82	14,33
Eisenoxyd . . . . ,,	2,10	1,59	1,45	2,29	1,58	1,69	0,99
Summe v. H.	98,49	99,36	99,64	99,66	99,64	99,16	98,24
Segerkegel	34	32—33	31	33	32	31	30
Porosität . . . . . . v. H.	16,0	20,1	12,8	19,6	20,2	17,0	19,9
Schlackenangriff von Schlacke, die bei Segerkegel 16 aufgebrannt wurde	Schlacke frißt sich unter Zerstörung 10 mm tief ein	—	—	Schlacke mit Stein verschmolzen u. bis 5 mm tief eingedrungen	Schlacke mit Stein verschmolzen u. bis 5 mm tief eingedrungen	Schlacke drang nur an einigen Stellen ganz wenig in den Stein ein	—
Volumenbeständigkeit:							
Schwindung I. Brand v. H.	—	1,27	1,88	—	—	—	—
Schwindung II. ,, ,,		1,67	2,20				
Schwindung III. ,, ,,		1,71	2,77				
Schwindung IV. ,, ,,		1,72	2,86				
Gesamturteil:	**hoh. Tonerdegehalt, hohe Feuerfestigkeit,** geringer Widerstand geg. Schlacke	mittlerer Tonerdegehalt, befriedigende Feuerfestigkeit, mäßiges Nachschwinden	mittlerer Tonerdegehalt, mittlere Feuerfestigkeit, beträchtliches Nachschwinden	**hoh. Tonerdegehalt, hohe Feuerfestigkeit, befriedig.** Widerstandsfähigkeit geg. Schlacke	—	—	—

1. Bestimmung des Seger-Kegels,
2. Prüfung der Raumbeständigkeit,
3. chemische Zusammensetzung,
4. Verhalten gegen Asche und Schlacke,
5. Porosität.

In Zahlentafel 4 sind die Grenzwerte der Untersuchungsergebnisse einiger Schamottsteine I. und II. Qualität wiedergegeben, die für eine große Anlage mit Rostfeuerungen für Braunkohle von mehreren Einmauerungsfirmen angeboten worden waren. Da die Preise der verschiedenen Angebote annähernd übereinstimmten, und da sie für denselben Brennstoff abgegeben waren, gibt die Zusammenstellung einen Anhalt von dem in solchem Falle etwa zu erwartenden Unterschied der Wertziffern.

Zahlentafel 5.

Zusammensetzung der Aschen aus vier Flözen derselben Grube.

Zusammensetzung		Flöz 1	Flöz 2	Flöz 3	Flöz 4
Kieselsäure	v. H.	46,8	38,2	39,1	32,2
Tonerde	„	30,2	34,1	19,5	17,9
Eisenoxyd	„	21,3	15,1	21,5	17,4
Kalk	„	1,7	12,3	10,7	17,8
Magnesia	„	Spur	1,2	3,5	7,0

Feuerfeste Steine werden mit Mörtel vermauert, der eine ähnliche Zusammensetzung haben soll wie die Steine und bei Tonschamottsteinen aus fein gemahlenem gebranntem Ton besteht, dem ein angemessener Zuschlag von Bindeton zugesetzt wird, um ihn genügend bindefähig zu machen. Mörtel wird zweckmäßigerweise fertig vom Tonwerk bezogen und braucht dann nur mit Wasser angerührt zu werden. Es hat keinen Zweck, Mörtel zu verwenden, der bedeutend hochwertiger ist als die Steine, doch soll er der Güte der Steine auch nicht nachstehen; sein Schmelzpunkt kann etwas tiefer liegen als der der Steine. Im Zweifelsfall ist gleichfalls eine Untersuchung durch ein Fachlaboratorium anzuraten.

Zahlentafel 6.

Zusammensetzung der Asche einiger deutscher Steinkohlen.

Herkunft der Kohle	Kieselsäure	Tonerde	Eisenoxyd	Kalk	Magnesia
	v. H.	v. H.	v. H.	v. H.	v. H.
Ruhr	27,4	22,6	46,9	2,7	—
Aachen	1,7	2,1	60,8	19,2	5,0
Oberschlesien	55,4	18,9	16,1	3,2	1,9
Niederschlesien	31,3	8,3	54,5	3,4	1,6
Sachsen	45,3	22,5	25,8	2,8	0,5

Vorstehende Punkte geben lediglich in großen Zügen Richtlinien für die Beurteilung feuerfester Steine; es ist nicht möglich, einen zuverlässigen Wertungsmaßstab in Form starrer Regeln aufzustellen. Die Güte eines Steines bleibt letzten Endes immer Vertrauenssache. Bei Kesseln für Kohlenstaubfeuerungen wird es sich besonders empfehlen, erfahrene Einmauerungsfirmen von gutem Ruf zu bevorzugen und zu bedenken, daß die Einmauerungskosten desselben Kessels außerordentlich verschieden sein können je nach der Güte der verwendeten Baustoffe und der Sorgsamkeit der Ausführung.

c) Asche der Brennstoffe.

Zusammensetzung, Schmelzpunkt und Verhalten von Kohlenaschen sind außerordentlich verschieden. Selbst aus derselben Grube stammende Kohlen weisen in dieser Hinsicht große Unterschiede auf. Proben aus 4 übereinander liegenden Flözen einer westfälischen Zeche hatten die in Zahlentafel 5 angegebene Zusammensetzung.

Die Zusammensetzung der Asche einiger deutscher Steinkohlen zeigt Zahlentafel 6, diejenige einiger amerikanischer Kohlen Zahlentafel 7.

Einen gewissen Maßstab für die Schmelzbarkeit einer Asche gibt das Verhältnis ihres Gehaltes an Flußmitteln zu ihrem Gehalt an Tonerde und Kieselsäure. Je größer der Wert

$$\frac{Al_2O_3 + SiO_2}{F_2O_3 + CaO + MgO}$$

ist, um so höher soll der Schmelzpunkt liegen. Eine zuverlässigere Beurteilung soll aber das Verhältnis $Al_2O_3 : SiO_2$ und das Verhältnis des Gehaltes an Tonerde zu den Basen geben. Den sichersten Auf-

Zahlentafel 7.

Zusammensetzung der Asche einiger amerikanischer Steinkohlen.

Art der Kohle	Herkunft	Aschen-Zusammensetzung									Zusammensetzung der Kohle		Erweichungspunkt
		SiO_2	Al_2O_3	Fe_2O_3	TiO_2	CaO	MgO	Na_2O	K_2O	SO_3	Schwefel	Asche	
		v. H.	v. H.	v. H.	v. H.	v. H.	v. H.	v. H.	v. H.	v. H.	v. H.	v. H.	°C
bituminös	Thomson, Ala.	54,8	27,0	7,0	1,3	4,3	1,7	0,3	3,1	1,4	0,6	17,5	1425
halbbituminös	Pocahontas Nr. 3 W.-Va.	37,2	25,5	11,8	1,5	12,6	1,9	1,4	0,4	5,6	0,6	5,9	1322
bituminös	Mingo, Tenn.	42,2	30,6	19,0	1,2	1,3	1,0	1,3	2,9	0,2	1,4	7,5	1490
bituminös	Nr. 5, Ind.	37,1	17,6	35,9	0,7	3,2	0,9	0,4	1,8	2,3	5,8	11,5	1335
bituminös	Coal Creek, Tenn.	12,3	12,2	69,7	0,4	3,9	0,7	0,3	0,6	0,2	5,8	8,2	1458

schluß über die Widerstandsfähigkeit gegen Schlackenangriff erhält man freilich durch Untersuchung eines Probesteines durch ein keramisches Laboratorium bei allmählich steigenden Temperaturen. Die Untersuchung von 2 feuerfesten Steinen aus einem großen, mit rheinischer Braunkohle gefeuerten Kraftwerk ergab folgende Werte:

Zahlentafel 8.

Untersuchungsergebnisse von zwei Schamottsteinen.

Steinanalyse:	Glühverlust v. H.	$Si\,O_2$ v. H.	$Al_2\,O_3$ v. H.	Ca O v. H.	Mg O v. H.	$F_2\,O_3$ v. H.	Seger-Kegel S. K.	Porosität v. H.	lineare Ausdehnung nach 6 Bränden v. H.
Stein I	0,35	58,61	36,67	0,25	0,12	2,00	33	14,8	0,59
„ II	0,28	58,81	36,83	0,20	0,09	2,11	33	12,4	0,66

Sie wurden von den Kohlenrückständen schnell und vollkommen zerstört, und zwar auch an Stellen, wo nur Flugasche an das Steinmaterial herankommen konnte. Die Zusammensetzung der aggressiven Asche zeigt Zahlentafel 9.

Zahlentafel 9.

Zusammensetzung der Asche einer rheinischen Braunkohle.

Glühverlust	5,20	v. H.
davon CO_2	3,85	„
Kieselsäure	2,78	„
Tonerde	6,47	„
Fe_2O_3	13,00	„
CaO	62,10	„
MgO	5,88	„
Alkalien	1,22	„
Schwefelsäureanhydrid	3,42	„
Schwefel	0,22	„

Die Asche enthält außerordentlich wenig SiO_2 und wirkte deshalb so zerstörend, weil zu ihrem hohen Kalkgehalt noch ein starker Gehalt an Fe_2O_3 hinzukommt. Bei der Untersuchung im Laboratorium fraß die Schlacke schon bei SK 14 bis 17 (1410 bis 1480° C) das Steinmaterial auf 20 mm Tiefe glatt weg. Der Stein hatte zwar guten SK, enthielt aber sehr viel Schamotte und ziemlich große, ungleichmäßig verteilte Quarzkörner. Sein Bruch war sehr porös. Die schnelle Zerstörung nimmt daher nicht wunder.

Mit Rücksicht auf den heftigen Schlackenangriff bei Kohlenstaubfeuerungen empfiehlt es sich besonders, Probesteine zusammen mit Asche des später zu verfeuernden Brennstoffes auf Schlackenangriff untersuchen zu lassen.

d) Ausführung der Einmauerung.

Die für die Einmauerung neuzeitlicher hochbelasteter Dampfkessel mit mechanischen Rosten maßgebenden Gesichtspunkte gelten im wesentlichen auch für Kohlenstaubfeuerungen. Am höchsten werden die Feuergewölbe und vor allem die Wangen beansprucht, die die Gewölbe tragen, sowie die Stellen, gegen die der Brenner bläst oder auf welche flüssige Schlacke niedertropft. Während die an den Seitenwänden des Kessels gelegenen Feuerungswangen eine gewisse, wenn auch kleine Wärmemenge an das Kesselhaus abgeben und eine tiefere Temperatur als die des Feuers haben, nehmen Zwischenwände allmählich nahezu Feuerraumtemperatur an. Sie sollten daher bei Kohlenstaubfeuerungen möglichst durch Spannen der Feuergewölbe von Außenwange zu Außenwange ganz vermieden werden. Ist dies nicht möglich, so müssen sie sehr kräftig ausgeführt werden, damit die Gewölbe auch bei stark angegriffener Zwischenwange stehen bleiben. Gegebenenfalls werden sich Kühlkanäle in den Zwischenwangen empfehlen.

Feuergewölbe werden aus Formsteinen ausgeführt, die je nach der Spannweite eine Höhe von rund 250 bis 350 mm haben, indem man die Formsteine auf sauber gehobelten Lehren aufmauert und die zueinander passenden Steine sorgsam aussucht und vor dem Vermauern an ihren Berührungsflächen solange aufeinander schleift, bis sie sich recht satt berühren. Behauen der dem Feuer ausgesetzten Flächen der Steine ist zu vermeiden. Die letzte Schicht am Ende der Gewölbe soll aus Steinen bestehen, die vor dem Brennen halbrund geformt wurden. Eckig gebrannte oder durch Behauen abgerundete Kanten brennen schneller ab. Die Steine müssen vor dem Vermauern sorgfältig mit dünnflüssigem Mörtel bestrichen und derart gegeneinander gedrückt und geklopft werden, daß recht dünne Fugen entstehen. Für die Feuergewölbe sind im allgemeinen glatte Keilsteine am geeignetsten. Formsteine mit Nut und Feder passen nicht so sauber aufeinander und geben daher breitere Fugen, endlich ist bei ihnen das Auswechseln schadhaft gewordener Steine meist schwieriger. Gänzlich verfehlt sind Steine mit Doppelnuten und Federn, weil sie zwischen den Nuten infolge ungleichmäßiger Erwärmung reißen. Auch sonstige verwickelte Ausführungsformen sind teurer und nicht so gut wie glatte Keilsteine.

Die Feuerraumgewölbe sollten reichlichen Stich bekommen, damit die Steinpressung im Bogen recht klein wird. Voraussichtlich wird der bei Wanderrostgewölben zulässige Stich wesentlich überschritten werden dürfen. Ähnlich wie bei Wanderrostfeuerungen werden sich Feuergewölbe aus voneinander unabhängigen Gurtbogen kaum empfehlen. Sie haben den Nachteil, daß beim Herausfallen eines Steines der ganze Bogen zusammenstürzt und daß die einzelnen Bogen keine genügende Seitensteifigkeit haben. Feuergewölbe neigen nämlich dazu, sich nach dem Feuerraum zu auszubauchen, weil sie vorn meistens mehr erhitzt werden. Man verzichtet daher besser auf Gewölbe aus einzelnen Gurtbogen. Um trotzdem bei Ausbesserungen nicht das ganze Gewölbe erneuern zu müssen, führt man es am besten aus 2 oder 3 voneinander unabhängigen Teilen aus, die für sich im Verband gemauert werden. Damit die vordersten Steine fest im Verband haften, empfiehlt es sich, „Anfänger“ zu vermeiden und an ihrer Stelle etwas längere Formsteine zu verwenden. Die Gewölbe erhalten kräftige Widerlager aus Formsteinen und nicht aus entsprechend behauenen, gewöhnlichen Steinen. Da das eigentliche Feuergewölbe schon durch die Hitze sehr hoch beansprucht ist, muß es von allen zusätzlichen Belastungen befreit werden, damit es sich ungehindert ausdehnen kann und nur sich selbst zu tragen hat. Das Gewicht des darüber liegenden Mauerwerkes ist deshalb durch ein zweites feuerfestes Gewölbe aufzufangen, das vom unteren durch einen Ausdehnungsspalt von 30 bis 50 mm Stärke getrennt ist. Wird ein derartiger Spalt nicht angeordnet oder fälschlicherweise mit festen Steinstücken ausgefüllt, so werden die Gewölbe eingedrückt. Auch sonst sind alle hocherhitzten Mauerteile von zusätzlichen Kräften und Gewichten weitgehend zu entlasten. Sie sollen lediglich ihre Eigenlast zu tragen haben. Andernfalls treten Deformationen und schwere Schäden auf, da man oft nicht sicher ist, bei welcher Temperatur die Steine zu erweichen beginnen. Jede nicht unbedingt nötige zusätzliche Beanspruchung sollte auch deshalb vermieden werden, damit das Mauerwerk selbst in stark angegriffenem Zustand nicht zusammenbricht. Sogenannte Korbbogen sind für Feuergewölbe von Staubfeuerungen infolge des glatten Überganges des Bogens in die Widerlager voraussichtlich geeigneter als normale Stichbogen. Der Feuerraum verlangt besonders kräftige Verankerung und Eisenarmierung, gleichgültig welche Gewölbeart verwendet wird. Die innersten Steinschichten werden um so heißer und gegen Schlackenangriff um so empfindlicher, je weniger Wärme durch die Wandungen abströmt. Mit Rücksicht auf Wärmeverluste und zu hohe Kesselhaustemperaturen kann jedoch eine gewisse Mauerdicke nicht unterschritten werden. Durch doppelwandige Feuerraumwände, deren Zwischenraum ein Teil der als Kühlmittel dienenden Verbrennungsluft durchströmt, wird es vielleicht gelingen, die Wandungstemperaturen herunterzusetzen ohne störende und verlustbringende Wärmeausstrahlung ins Kesselhaus. Möglicherweise erhöht auch dünne Ausfutterung des Feuerraumes mit einer Schutzschicht, die von Zeit zu Zeit leicht erneuert werden kann, die Lebensdauer des eigentlichen tragenden Mauerwerks.

Durch Ausbildung des Feuerraumbodens derart, daß sich ein Teil der Schlacke anstaut und dauernd liegen bleibt, wird der Boden vor der Wirkung des auftreffenden Flammenstrahles geschützt. Das Herausholen der Schlacke aus dem Feuerraum wird nicht immer einfach sein, da sie nicht wie bei Rosten durch ihre eigene Schwere nach Öffnen von Aschenfallklappen herausfällt. Schlackentrichter im Feuerraum lassen sich nämlich bei Staubfeuerungen, abgesehen von anderen Gründen, nicht gut anordnen, weil die am Trichterauslauf lagernde Schlacke, falls sie einmal zum Schmelzen kam, den ganzen Trichter verstopfen könnte. Ganz ähnliche Schwierigkeiten haben sich bei Verfeuerung gewisser deutscher Rohbraunkohlen auf Rosten gezeigt, wenn der Hitze des Feuers ausgesetzte Aschentrichter im ersten Zug angebracht wurden. Sie mußten fast ausnahmslos übermauert werden und man half sich, indem man manchmal sehr mühsam die Rückstände durch die Roste entfernte.

Die von heißeren Gasen bespülten Züge werden mit einem 250 mm, die kälteren Züge mit einem 120 mm starken Futter aus feuerfesten Steinen ausgekleidet, die alle drei bis vier Schichten mit dem dahinter liegenden Mauerwerk im Verband gemauert werden.

Durch zweckmäßig ausgebildete Aschentrichter in den hinteren Zügen und geschickte Gasführung an den Umlenkungsstellen ist schon im Kessel eine wirksame Ausscheidung der Flugasche und ihre leichte Entfernbarkeit anzustreben. Im übrigen gelten die für Einmauerung normaler Kessel erprobten Regeln.

Das Kesselgerüst soll ein in sich geschlossenes Ganzes bilden, damit die Fundamente nur durch senkrecht wirkende Kräfte (Gewichte von Kessel und Mauerwerk) beansprucht werden. Höchstens in der Längsrichtung der Fundamentwangen dürfen mäßige, freie Kräfte auftreten. Anker müssen kalt liegen und vor unzulässiger Erwärmung geschützt werden. Diese Forderung erfüllen hohle Anker, durch die Kühlluft gesaugt wird, oder hohle wärmeisolierte Anker nur unvollkommen, da sie sich bald mit Schmutz zusetzen und da die Kühlwirkung auch bei freiem Kühlquerschnitt meist ungenügend ist. Zweckmäßig angeordnete Aschentrichter ermöglichen es, die Anker an den Fußenden der senkrechten Profile kaltzulegen. Wird Eisenbeton verwendet, so muß er vor der Hitze durch eine Rollschicht aus Hartbrandklinkern oder Schamottsteinen (und eine Schicht aus Kieselgursteinen) geschützt werden. Gute Wärmeisolierung der Aschentrichter ist übrigens schon aus dem Grunde nötig, um das Arbeiten im Aschenkeller nicht zu erschweren.

VI. Erfahrungen und Versuche aus Dampfkraftwerken mit Kohlenstaubfeuerungen.

a) Beschreibung von Dampfkraftwerken.

In der amerikanischen Fachpresse sind bisher nur wenige, mittlere Dampfkraftwerke, die bereits mit Kohlenstaubfeuerungen arbeiten, beschrieben worden, aber keines, das nach deutschen Begriffen Anspruch auf neuzeitlichen, einheitlichen Aufbau machen könnte. Trotzdem sind die spärlichen Mitteilungen in mancher Hinsicht äußerst interessant und lehrreich. Viel Aufsehen erregte das Oneida Street-Kraftwerk der Milwaukee Electric Railway and Light Company. Mit Hilfe der z. T. sehr mangelhaften, bisher veröffentlichten Zeichnungen wurde in Fig. 56 versucht, den Gesamtaufbau in maßstäblich richtiger Darstellung wiederzugeben. Fig. 56 stimmt daher in Einzelheiten mit der tatsächlichen Ausführung wahrscheinlich nicht ganz überein, doch sind die Abweichungen voraussichtlich so klein, daß der verhältnismäßige Platzbedarf der Kohlenstaubfeuerungsanlage und ihre Einfügung in das Kraftwerk durchaus zuverlässig beurteilt werden können.

Die M. E. R. a. L. Co. baute anfangs 1918 zu Studienzwecken in einem der 435 qm Edge Moor Kessel (Zweikammerwasserrohrkessel) ihres in der Oneidastraße gelegenen Kraftwerkes eine Lopulco-Kohlenstaubfeuerung ein. Nach Beseitigung einiger anfänglicher Schwierigkeiten bewährte sich der Einbau so gut, daß weitere vier Kessel mit Kohlenstaubfeuerungen ausgerüstet wurden, was etwa der halben Dampfleistung des Werkes entspricht. Der Umbau mußte unter tunlichst weitgehender Verwendung vorhandener Einrichtungen erfolgen. Die Rohkohle wird über einen Eisenabscheider und eine selbsttätige Wage in die vorhandenen, vor den Kesseln stehenden Bunker 4 geschafft. Die Lutten am Auslauf dieser Bunker wurden durch eine Fördervorrichtung 5 ersetzt, die die Kohle über einen senkrecht zu ihr verlaufenden Förderstrang 6 zu einem Becherwerk bringt, das sie in einen Jeffrey-Brecher ausstürzt. Dann kommt sie über einen kleinen Bunker 8 zu zwei Trommeltrocknern 9 von 15 t/st-Leistung und über ein zweites Becherwerk zu einem luftdicht abgeschlossenen Bunker 11. Ventilatoren *a* sorgen für gute Entlüftung der Trockner. Mitgerissene Kohlenteilchen werden in Staubabscheidern *c* aufgefangen. 2 Raymond-Fünfwalzenmühlen mit Windsichtern zermahlen die Kohle zu Pulver, das durch Schraubenförderer 16 zu den vor den Kesseln und unterhalb der Rohkohlenbunker neu angebrachten Vorratsbehältern 18 gelangt. Speiseschnecken am Auslauf dieser Behälter bringen das Kohlenpulver in den Mischapparat, von wo es von einem Luftstrahl nach den Brennern mitgerissen wird. Die übrige Verbrennungsluft wird im Brenner selbst und durch Öffnungen in der Stirnwand des Feuerraumes angesaugt. Den Brenner und den Apparat zum Zusetzen des Kohlenstaubes zeigt Fig. 39. Der auf fünf Kessel erweiterte Betrieb entsprach gleichfalls den Erwartungen. Die Gesellschaft entschloß sich daher, in ihrem neu zu errichtenden Kraftwerk am Michigansee ausschließlich Kohlenstaubfeuerungen zu verwenden. Ende 1920 sollen die ersten 4 Kessel dieser, für eine Gesamtleistung von 200 000 KW geplanten Anlage dem Betriebe übergeben werden. Zunächst werden nur 40 000 KW ausgebaut. Das Werk soll Milwaukee und Umgebung mit Strom für Kraft, Straßenbahn und

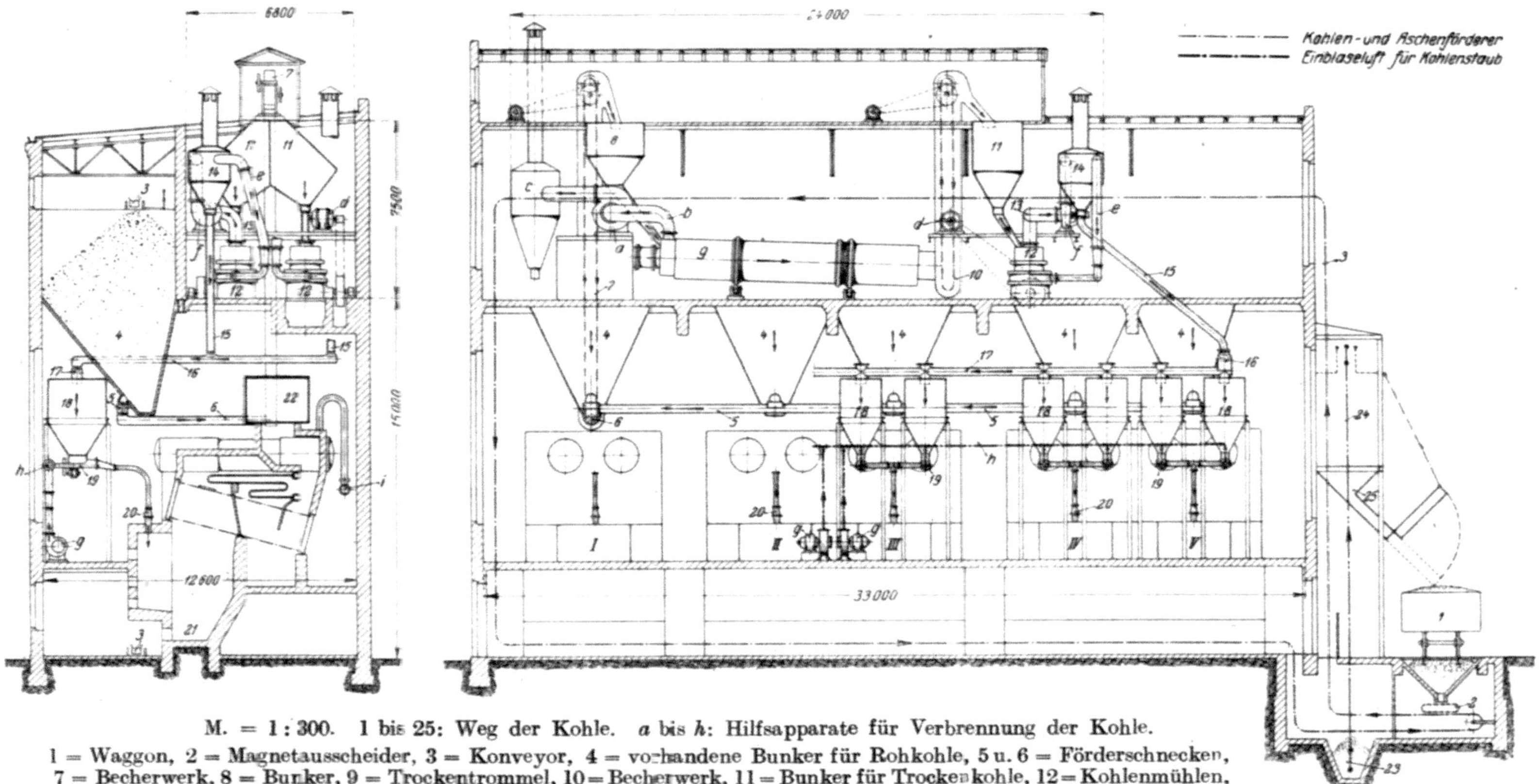

M. = 1 : 300. 1 bis 25: Weg der Kohle. *a* bis *h*: Hilfsapparate für Verbrennung der Kohle.

1 = Waggon, 2 = Magnetausscheider, 3 = Konveyor, 4 = vorhandene Bunker für Rohkohle, 5 u. 6 = Förderschnecken, 7 = Becherwerk, 8 = Bunker, 9 = Trockentrommel, 10 = Becherwerk, 11 = Bunker für Trockenkohle, 12 = Kohlenmühlen, 13 = Abzug der Mühle, 14 = Staubausscheider u. Bunker für Kohlenpulver, 15 = Abzugsrohr, 16 u. 17 = Förderschnecken, 18 = Kesselbunker für Kohlenpulver, 19 = Speiseapparat, 20 = Brenner, 21 = Aschenfall, 22 = Fuchs, 23 = Aschengrube, 24 u. 25 = Aschenkonveyor mit Schurre. *a* = Ventilator für Kohlentrockner, *b* = Absaugleitung, *c* = Staubausscheider, *d* = Motor für Mühle, *e* = Luftrückleitung, *f* = Ventilator für Windsichtung, *g* = Ventilator zum Einblasen des Kohlenstaubes, *h* = Einblasluftleitung, *i* = Hauptdampfleitung.

Fig. 56. Kesselhaus des Oneidastraße-Kraftwerkes der Milwaukee Electric Railway and Light Co.

Beleuchtung versorgen. Unmittelbar am See liegt das Brechergebäude, 120 m davon entfernt am Kopfende der Kesselhäuser die Trocken- und Mahlanlage. Die Kohle wird in Spezialwagen angefahren und mittels Lokomotivgreiferkranen zwischen mehreren parallelen Ausziehgleisen gestapelt. Die Stapelkohle dient jedoch nur als Reserve. Die Kohle für laufenden Bedarf wird mit einem Wagenkipper entladen, mit Bandförderern über einen Eisenausscheider in eine rotierende Siebtrommel geschafft, wo Stücke über 50 mm Größe ausgeschieden und einem Zweiwalzenquetscher zugeführt werden, der sie auf 50 mm zerkleinert. Die Kohle wird in weiteren Brechern auf 12,5 mm geschrotet und durch Gurtförderer nach der Kohlenmahlanlage gebracht. In der Mahlanlage gelangt die Kohle auf Verteilbändern zu Bunkern von 3500 t Gesamtinhalt. Dann wird sie von Schnecken über selbsttätige Wagen zu mittelbar gefeuerten Trocknen geschafft. Die Trockner werden durch Staubfeuerungen beheizt und trocknen auf 1 v. H. Wassergehalt. Schrauben- und Becherförderer bringen die getrocknete Kohle zu den Bunkern über den Mühlen. Die gemahlene Kohle wird mit 3 Fuller-Kinyon-Pumpen pneumatisch zu den Kesselbunkern gefördert. In Zahlentafel 10 sind die wichtigsten Abmessungen der Anlage zusammengestellt.

Zahlentafel 10.

Angaben über das 200 000 KW-Kraftwerk der Milwaukee Electric Railway and Light Company.

A. Entladeanlage:		
Anzahl der Lokomotivgreiferkrane		3
Inhalt eines Greifers	m^2	1,5
Leistung des Wagenkippers	Wagen/st	20
B. Brecherhaus:		
Anzahl der Brecher		2
Breite des Gurtförderers zwischen Kohlenbrecher und Drehsieb	mm	1220
Anzahl der Drehsiebe		2
Korngröße des Siebdurchschlages	mm	50
Anzahl der Hammermühlen		2
Korngröße hinter den Hammermühlen	mm	12,5
Leistung der Brecheranlage bei Anfuhr von:		
Rohkohle	t/st	150
Gesiebter Kohle	t/st	250
C. Gurtförderer zwischen Brecherhaus und Kohlenmühle:		
Breite	mm	915
Länge (einfach)	m	117
Hubhöhe	m	27,7
D. Kohlenmahlanlage:		
1. Umkehrbarer Verteilgurtförderer:		
Breite	mm	915

2. Bandförderer über Rohkohlenbunker:			
	Anzahl		3
3. Rohkohlenbunker:			
	Anzahl		7
	Gesamtinhalt	t	3500
4. Schraubenförderer zu den Trockentrommeln:			
	Anzahl		3
	Durchmesser	mm	304
5. Trockentrommeln:			
	Anzahl		3
	Länge	m	12,8
	Durchmesser	mm	1670
	Leistung einer Trommel	t/st	20
	Durchmesser der Staubabscheider	mm	4250
6. Schraubenförderer und Becherwerke zu den Kohlenmühlen:			
	Anzahl		2
	Durchmesser	mm	405
	Leistung eines Förderstranges	t/st	60
7. Kohlenmühlen:			
	Inhalt eines Trockenkohlenbunkers	t	25
	Anzahl der Trockenkohlenbunker		8
	Anzahl der Mühlen		8
	Bauart der Mühlen		Fuller-Lehigh
	Leistung einer Mühle	t/st	6
	Staubsortierung durch		Windsichter
	Inhalt der Kohlenstaubbunker	t	50
	Anzahl der Kohlenstaubbunker		1
E. Staubförderung zum Kesselhaus			pneumatisch
Kesselhaus:			
	Inhalt eines Kohlenstaubbunkers	t	37,5
	Anzahl der Kohlenstaubbunker		4
	Anzahl der Kessel eines Kesselhauses		8
	Bauart der Brenner:		
	6 Kessel haben		Duplex-Brenner Combust. Eng. Co.
	Anordnung		senkrecht
	2 Kessel haben		Fuller-Brenner
	Anordnung		wagerecht
	Heizfläche eines Kessels	m²	1215
	Heizfläche eines Ekonomisers	m²	700
	Kesseldruck	at	18,7
	Dampftemperatur	° C	320
	Speisewasser hinter Pumpen:		
	Druck	at	23
	Temperatur	° C	66
	Speisepumpen:		
	Zahl		4
	Antrieb: 2 Pumpen		Dampfturbinen
	2 Pumpen		Elektromotoren

Je vier Kessel haben einen gemeinsamen Schornstein, jeder Kessel einen besonderen Rauchgasröhrenvorwärmer und einen Ventilator zur Unterstützung des Schornsteinzuges. Bei einer Erweiterung werden die neuen Kesselhäuser parallel zum ersten derart errichtet, daß sie senkrecht an das gemeinsame Maschinenhaus stoßen. Jedes Kesselhaus erhält eine besondere Kohlenmahlanlage. Die Gesamtanordnung ähnelt derjenigen des Kraftwerkes Golpa-Zschornewitz bei Berlin. Zu Studienzwecken werden 2 verschiedene Brennerbauarten, Fuller-Brenner und Brenner der Combustion Engineering Co. eingebaut. Bei den Brennern der C. E. C. treten nur 15 v. H. der Gesamtluftmenge zusammen mit dem Kohlenstaub durch die Brenner ein, 85 v. H. werden durch Regulieröffnungen in der Stirnwand des Feuerraumes angesaugt. Bei den Fuller-Brennern wird ein Teil der Luft mit dem Kohlenstaub eingeblasen, der Rest wird durch einen die Brennerdüse umgebenden Ringraum angesaugt.

Fig. 57. Kesselbunker, Förderluftleitungen für Kohlenstaubzufuhr, Speiseapparate mit Handregelung, Leitungen für Sekundärluft und Brenner einer Anlage Bauart Quigley.

Nach Ermittlungen der Philadelphia Rapid Transit Co. betragen bei amerikanischen Bahngesellschaften die Kosten für Krafterzeugung nur rund 10 v. H. der Gesamtkosten gegenüber 90 v. H. bei Elektrizitätswerken. Elektrizitätswerke für Licht-, Bahn- und Kraftstrom kommen mit dem Kohlenverbrauch bis auf rund 0,7 kg/KWst, reine Bahnkraftwerke brauchen infolge ihrer ungünstigen Belastungskurve rund 1,0 kg/KWst. Trotzdem die Ph. R. T. Co. nur handgefeuerte Babcock-Kessel hatte, waren die Stromerzeugungskosten im Vergleich zu anderen Kraftwerken recht günstig, wenn die wegfallenden Fernleitungs- und Umformungsverluste berücksichtigt werden. Mit den steigenden Materialkosten und Arbeitslöhnen änderte sich die Sachlage. Zur Vermeidung der Brennstoffverluste bei gedämpften Feuern beabsichtigte die Ph. R. T. Co. zuerst zur Ölfeuerung überzugehen, nahm aber wegen der hohen Ölpreise hiervon Abstand und entschloß sich endgültig zum Einbau von Kohlenstaubfeuerungen. Sie bezieht den konstanten Teil ihres Stromverbrauches von einem öffentlichen Elektrizitätswerk und erzeugt nur noch ihren Spitzenverbrauch während

3 bis 4 Stunden morgens und abends selbst. Die Kohlenaufbereitungsanlage hat den üblichen Aufbau. Von den Trocknern bringen Schraubenförderer den Brennstoff zu den Kohlenmühlen. Der Kohlenstaub wird von hier im Luftstrom unmittelbar nach hochliegenden Vorratsbehältern geschafft, von denen er durch Schwerkraft nach dem Einblasbehälter gelangt. Mit dem auf Seite 32 u. 33 beschriebenen Quigley-Preßluftverfahren wird der Kohlenstaub nach den Kesselbunkern gedrückt und in Quigley-Brennern verfeuert, Fig. 57. Die Gesellschaft hofft alle billigen Kohlensorten verwerten zu können und soviel zu sparen, daß die Ausrüstung mit Kohlenstaubfeuerungen sich in zwei Jahren bezahlt macht. Die Staubfeuerungen sollen Ende Juli 1920 in Betrieb kommen. Die Hauptwerte der Anlage zeigt Zahlentafel 11, Spalte 5. Nach privaten, dem Verfasser zugegangenen Mitteilungen, die bis Ende September 1920 reichen, sind in letzter Zeit u. a. die in Zahlentafel 11 verzeichneten Anlagen mit Staubfeuerungen ausgerüstet worden.

Zweifellos wurden noch an zahlreichen anderen Stellen Kesselanlagen mit Kohlenstaubfeuerungen versehen. Berichte über solche Anlagen waren dem Verfasser bei Drucklegung nicht bekannt.

b) Versuche mit Kohlenstaubfeuerungen.

Bisher sind nur wenige Untersuchungen an Dampfkesseln mit Kohlenstaubfeuerungen veröffentlicht worden, die einen tieferen Einblick in das Verhalten der Feuerung geben. Sie sind in Zahlentafel 12 zusammengestellt. Die Angaben der Originalberichte wurden mit Ausnahme einiger geringfügiger Einzelheiten übernommen; nur solche Werte, die sich offensichtlich nicht vertreten lassen, wurden berichtigt und einige kleine Unstimmigkeiten beseitigt. Z. B. wurde der im zugeführten Brennstoff gemessene Wärmebedarf für 1 KWst mit 6000 WE eingesetzt, während ihn der Bericht über den Versuch im Oneidastraße-Kraftwerk zu 4800 WE (entsprechend 0,68 kg Kohle von 7051 WE/kg Heizwert) angibt. Spalte 1 enthält die Versuchsergebnisse eines 4tägigen Versuches im Oneidastraße-Kraftwerk an Edge-Moor Zweikammerwasserrohrkesseln mit Lopulco-Brennern. Die letzte Reinigung der Kessel war 300 bis 600 Stunden vor Versuchsbeginn erfolgt. Die Versuche haben also unter betriebsmäßigen Bedingungen stattgefunden. Der Versuch in Spalte 2 wurde an einem schon 12 Jahre im Betriebe befindlichen Rust-Steilrohrkessel durchgeführt. Der Kessel entspricht den Anforderungen, die an einen neuzeitlichen Dampferzeuger gestellt werden müssen, nicht voll und eignete sich wenig für den nachträglichen Einbau einer Staubfeuerung. Versuche 3 bis 8 wurden an Bettington-Kesseln vorgenommen. Mit Ausnahme von Versuch 3 und 5 war die Rohkohle sehr feinkörnig. Die Clifton and Kersley Dant-Staubkohle wurde aus den Schüttelsieben der trockenen Kohlenseparation eines Bergwerkes mit Ventila-

Zahlentafel 11.

Angaben über einige mit Kohlenstaubfeuerungen ausgerüstete amerikanische Dampfkesselanlagen.

	1	2	3	4	5
Nummer	1	2	3	4	5
Besitzer der Anlage	Newton Steel Co.	Betleh. Steel Co.	Allentown Portland Cement Co.	Uihlein Food Prod. Milwaukee	Philadelphia Rapid Transit Co
Art des Betriebes	Stahlöfen und Dampfkessel	—	—	—	—
Kohlensorte	—	Anthrazit-Abfall u. gasreiche Kohle	—	—	—
Kohlentrockenanlage:					
Zahl der Trockentrommeln	—	—	—	—	2
Länge einer Trommel . . . mm	12 800	—	—	—	—
Durchmesser einer Trommel . . . mm	1 370	—	—	—	—
Leistung eines Kohlentrockners . . t/st	—	—	—	—	3
Kohlenmahlanlage:					
Zahl der Kohlenmühlen	2	—	—	—	2
Bauart	—	—	—	—	Raymond
Leistung einer Kohlenmühle . . . t/st	4 bis 6	—	—	—	3
Staubsortierung durch	—	—	—	—	Windsichter
Feinheit des Kohlenstaubes	—	—	—	—	95 v. H. durch 3500 Maschen/cm²
Förderung des Kohlenstaubes:					
Förderart	pneumatisch	pneumatisch	pneumatisch	—	—
Größte Länge einer Förderleitung . . m	∾210	∾240	∾300	—	—
Kesselanlage:					
Bauart der Kessel	Steilrohr	—	—	Steilrohr	Schrägrohr
Kesselfirma	Stirling	—	—	Wickes	Babcock-Wilcox
Heizfläche eines Kessels . . . m²	232	480	—	465	348
Zahl der Kessel	2	4	5	4 (8)	20
Inbetriebsetzung	April 1920	März 1920	April 1920	In Lieferung	Im Bau

toren abgesaugt und in Staubabscheidern niedergeschlagen. Sie wurde früher für 1,60 M/t verkauft, da das sehr feine Kohlengrieß auf Rosten nur mangelhaft brannte. Seit etwa 8 Jahren wird der angefallene Kohlenstaub in einem Bettington-Kessel zur Erzeugung des Dampfes für einen 600 PS Luftkompressor verfeuert. Sämtliche in Zahlentafel 12 aufgeführten Kessel arbeiteten ohne Speisewasservorwärmer (Ekonomiser).

Sieht man von Versuch 4 und 5 zunächst ab, so liegt der thermische Wirkungsgrad zwischen 76 v. H. und 81 v. H. bei Heizflächenbelastungen von 14 bis 27 kgm^{-2}st^{-1}. Berücksichtigt man, daß Rauchgasvorwärmer fehlten, daß sämtliche Kessel nur mit kleiner Überhitzung arbeiteten und daß Versuch 1 und 2 an alten, erst nachträglich mit Staubfeuerungen ausgestatteten Kesseln ausgeführt wurden, so entspricht die erzielte Wärmeausnutzung etwa derjenigen neuzeitlicher Kessel mit selbsttätigen Rosten. Die Heizflächenbelastungen waren zwar, besonders bei Versuch 1 und 2, für neuzeitliche Begriffe sehr nieder, dieser Einfluß darf aber durch die veraltete Bauart der Kessel bzw. die kleinen Überhitzer-Heizflächen als ausgeglichen betrachtet werden. Aber auch unter Würdigung dieser Verhältnisse gehen die festgestellten Wirkungsgrade über die bei Abnahmeversuchen an neuzeitlichen Kesseln mit selbsttätigen Rosten erzielten Werte kaum hinaus. Der Wirkungsgrad des Bettington-Kessels bei Versuch 3 bis 5 nimmt mit steigender Belastung zunächst langsam, oberhalb 25 kgm^{-2}st^{-1} schnell ab, und beträgt bei 36,6 kgm^{-2}st^{-1} nur noch 67,5 v. H. gegenüber 76,1 v. H. bei 24,9 kgm^{-2}st^{-1}. Hieran dürfte weniger die Überlastung des Kessels als solche schuld gewesen sein sondern die ungenügende Luftlieferung des Gebläses. Für diese Vermutung spricht der CO_2-Gehalt der Abgase, der zwischen 14,4 und 24,9 kgm^{-2}st^{-1} Heizflächenbelastung rund 12,6 v. H. betrug und bei 36,6 kgm^{-2}st^{-1} auf 17,5 v. H. anstieg, sowie das „Restglied", das von 4,8 v. H. auf 17,4 v. H. zunahm. Mit einem leistungsfähigeren Gebläse wäre wahrscheinlich das Restglied kleiner und der Wirkungsgrad höher ausgefallen. Zu dem Verlust durch unverbrannte Gase kam vielleicht noch ein Verlust infolge ungenügender Ausmahlung der Kohle, da die Mühle bei der hohen Beanspruchung, für die sie offenbar nicht gebaut war, möglicherweise die Kohle nicht mehr ausreichend fein zerpulverte. Sehr bemerkenswert ist, daß der Bettington-Kessel bei Versuch 4 Kohle von 14,39 v. H. Wassergehalt ohne Vortrocknung mit gutem Wirkungsgrad verarbeitete.

Die Kohle von Versuch 6 bis 8 ähnelte oberschlesischer Steinkohle. Auch Kohle mit 20,74 v. H. Aschengehalt machte weder in der Mühle noch bei der Verbrennung Schwierigkeiten (Versuch 7). Die Brennerdüse wurde bei Versuch 6 bis 8 durch besonderes Wasser gekühlt. Die gemessene Wassererwärmung wurde derart umgerechnet, als ob das gesamte

Zahlentafel 12.

Zusammenstellung der Ergebnisse von Versuchen an Kesseln mit Kohlenstaubfeuerungen

(Sämtliche Kessel haben keine Rauchgaswasservorwärmer.)

Pos.									
1	Nummer des Versuches	1	2	3	4	5	6	7	8
2	Versuchsleiter	P. Thompson	B. Ricketts	—	Burstall and Monkhouse	—		Dr. Münzinger	
3	Kraftwerk	Oneidastraße-Kraftwerk	Allentown Portl.Cem.Co.	—	—	—		—	
4	Datum des Versuches	11./15.XI.1919	7./8.VI. 1920	—	—	—		—	
5	Feuerungssystem	Lopulco	Fuller	—	—	—			
6	Kesselbauart	Edge Moor[1]) Schrägrohrkessel	Rust-Steilrohrkessel[5])		Bettington-Kessel[6])			Bettington-Kessel	
7	Abmessungen der Kessel:								
8	Kesselheizfläche m²	435	375		215			195,8	
9	Überhitzerheizfläche m²	55	—		47,1			46,5	
10	Luftvorwärmerheizfläche m²	—	—		?			97,3	
11	Volumen des Verbrennungsraumes m³	47,5	57,7		—			∾10,2	
12	Herkunft der Kohle	Eastern Kentucky Youghtogheny	—	Broomhill Nutty Slack[7])	Griff fine Slack[8])	Broomhill Nutty Slack[7])	Clarke's Wharfe[9]) Screenings	Clifton and Kersley Dant[10])	Clarke's Wharfe Screenings[9])
13	Eigenschaften der verbrannten Kohle:								
14	**Heizwert** WE/kg	**7051**	**7360**	**6600**	**5350**	**6600**	**6760**	**5652**	**6272**
15	Flüchtige Bestandteile v. H.	34,40 (32,13)[2])	37,10	32,25	14,99	32,25	28,17	25,92	27,96
16	Fixer Kohlenstoff v. H.	53,11 (49,60)	50,70	50,10	56,75	50,10	56,05	47,53	51,43
17	Wasser v. H.	0,67 (7,23)	1,0	3,85	14,39	3,85	5,68	5,81	7,67
18	Asche v. H.	11,82 (11,04)	11,2	13,8	13,87	13,8	10,10	20,74	12,94
19	Ablesungen während des Versuches:								
20	Versuchsdauer st	96[3])	22,82	—	—	—	7,46	6	7,08
21	Speisewassertemperaturen:								
22	Vor Brennerkühlmantel °C	—	—	15,5	10,0	17,8	12,7	13,2	13,7
23	Nach Brennerkühlmantel °C	—	—	—	—	—	(39,0)	(49,6)	(73,8)
24	Kesseleintritt °C	69,1	120?	—	—	—	50,6	48,3	52,1
25	Dampfdruck at/abs	12,8	11,0?	11,6	11,7	11,6	11,4	11,5	11,4
26	Dampftemperatur °C	228	—	257,1	294,1	278,7	231	241	242
27	Lufttemperaturen:								
28	Im Kesselhaus °C	20?	29,5	20?	20?	20?	21,4	22,5	28,2
29	Hinter Luftvorwärmer °C	—	—	—	—	—	(100,4)	(155)	(184)
30	Am Brennereintritt °C	—	—	—	—	—	42,0	33,6	31,6
31	Rauchgastemperaturen:								
32	In der Flamme °C	1520	1220 (32–33)	—	—	—	—	—	—
33	Boden des Feuerraumes °C	1195		—	—	—	—	—	—
34	Hinter Kessel °C	256	327	304	370	399	324	361	376
35	Hinter Luftvorwärmer °C	—	—	—	—	—	286	318	332
36	Verbrennliches in der Schlacke v. H.	0,59 (13,76)[4])	—	—	—	—	—	—	9,7

37	**Zusammensetzung der Rauchgase** (Kesselaustritt):								
38	**CO₂** . . . . v. H.	**12,3**	**12,9**	**12,5**	**12,8**	**17,5**	**(15,4) 12,2**[11]	**(14,7) 13,5**[11]	**(15,1) 12,8**[11]
39	O₂ . . . . v. H.	6,8	5,4	—	—	—	7,0	5,7	6,5
40	N₂ . . . . v. H.	80,9	81,7	—	—	—	80,8	80,8	80,7
41	Überdruck der Verbrennungsluft:								
42	**Im Ventilator** . . . . mm WS	161	—	—	—	—	—	—	—
43	Im Windsichter . . . . mm WS	—	—	—	—	—	53,3	67,4	79,0
44	Im Kohlenstaubmischraum . . mm WS	152	—	—	—	—	—	—	—
45	Im Brenner . . . . mm WS	25,4	—	—	—	—	15,9	21,6	25,8
46	Unterdruck der Rauchgase:								
47	**Im Feuerraum** . . . . mm WS	0,08	2,8	—	—	—	—	—	—
48	Am **Kesselende** . . . . mm WS	4,4	9,4	—	—	—	9,1	9,9	10,6
49	**Rechnerische Ergebnisse:**								
50	**Stdl. verbrannte Kohlenmenge** . . . kg/st	820	666	407	943	1240	545	760	730,5
51	**Stdl. verdampfte Wassermenge** . . . kg/st	7550	7160	3100	5350	7860	4300	4790	5325
52	**Heizflächenbeanspruchung** . . . kg/m²st¹	**17,38**	**19,1**	**14,4**	**24,9**	**36,6**	**22,0**	**24,45**	**27,2**
53	**Wirkungsgrad:**								
54	**Kessel** allein . . . . v. H.	78,2	**77,3**	—	—	—	71,9	68,8	71,3
55	**Kessel** und Überhitzer . . . . . . v. H.	**81,2**	—	—	—	—	74,9	72,4	75,0
56	**Kessel, Überhitzer und Brennerkühlmantel** . . . . v. H.	—	—	**79,8**	**76,1**	**67,5**	**77,9**	**75,8**	**78,6**
57	Wärmeverluste:								
58	**Fühlbarer Rauchgasverlust** . . . . v. H.	11,9	15,6	15,4	19,1	15,1	15,0	15,7	17,4
59	**Verlust in der Schlacke** . . . . . v. H.	1,5	7,1	4,8	4,8	17,4	7,1	8,5	4,0
60	**Restglied für Strahlung usw.** . . . . v. H.	5,4							
61	Kohlenaufbereitung:								
62	**Kraftbedarf der Trockner, Gebläse,**								
63	Kohlenmühlen usw. . . . . KW	18,0	—	—	—	—	17,55	19,7	20,30
64	Entsprechender Kohlenverbrauch								
65	(1 KWst = 6000 WE Kohlenheizwert) . . . . kg/st	15,3	—	—	—	—	15,6	20,9	19,4
66	Kohlenverbrauch zum Beheizen des Trockners . . . . kg/st	9,4	—	—	—	—	0	0	0
67	Gesamter Kohlenverbrauch der								
68	Kohlenaufbereitungsanlage . . . kg/st	24,7	—	—	—	—	15,6	20,9	19,4
69	Desgl. in v. H. der in den Kesseln								
70	verfeuerten Kohlenmenge . . . . v. H.	3,0	—	—	—	—	2,9	2,8	2,7
71	**Tatsächlicher Wirkungsgrad der ganzen Anlage** unter Berücksichtigung des Verbrauches der Aufbereitung . . . . v. H.	**78,0**	—	—	—	—	**75,0**	**73,0**	**75,9**

Anmerkungen:

1) Alte Kessel wurden auf Kohlenstaubbefeuerung umgebaut.
2) Zusammensetzung der Rohkohle.
3) **Kessel hatten bei Versuchsbeginn 300 bis 600 Betriebsstunden hinter sich.**
4) Verbrennliches in der im Kessel abgesetzten Flugasche.
5) **Kessel ist seit 12 Jahren im Betrieb, wurde auf Kohlenstaubbefeuerung umgebaut. Veraltete Kesselkonstruktion mit 2 Zügen.**
6) Kessel für eine normale Belastung von 18 kgm⁻²st⁻¹ gebaut.
7) „Nutty Slack" entspricht ungefähr „Nußkohle 4".
8) 98,9 v. H. dieser Kohle gingen **durch ein Sieb von 2,5 Maschen/cm².**
9) **Kohle bestand aus feinem Grus mit Stücken bis Eigröße durchmischt.**
10) **Kohle bestand nur aus sehr feinem Grus und entstammte einer trockenen Kohlenwäsche.**
11) **Klammerwerte bedeuten CO₂-Gehalt im Feuerraum.**

Zahlentafel 13.

Zusammenstellung der Hauptwerte verschiedener Kohlenaufbereitungsanlagen.

Pos.					
1	Kraftwerk	Oneidastraße-Kraftwerk der Milwaukee E. R. a. L. Co.		Allentown Portland Cement Co.	Deutsches Großkraftwerk[3])
2	Betriebsart	Kohlenstaubfeuerung	Mechanischer Rost	Kohlenstaubfeuerung (Monatlicher Kohlendurchsatz 3000 t)	Wanderroste
3	Temperaturen der Kohle:				
4	Eintritt in den Trockner °C	31,2			
5	Austritt aus dem Trockner °C	58,8			
6	Austritt aus der Kohlenmühle °C	76,5			
7	Wassergehalt der Kohle:				
8	Eintritt in den Trockner v. H.	5,59			
9	Austritt aus dem Trockner v. H.	1,61			
10	Austritt aus der Kohlenmühle v. H.	1,03			
11	Durchgang des Pulvers durch Sieb von:				
12	6200 Maschen/cm² v. H.	81,3			
13	3100 Maschen/cm² v. H.	18,2			
14	560 bis 1000 Maschen/cm² v. H.	0,5			
15	Unterdruck in den Kohlenmühlen mm WS	129			
16	Stündlich verarbeitete Brennstoffmenge:				
17	Im Brecher kg/st	17 800			
18	Getrocknete Rohkohle kg/st	6 800			
19	Pulverisierte Trockenkohle kg/st	8 025			
20	Kraftverbrauch der Aufbereitungsanlage für 1 t Brennstoff:				
21	Brecher und Förderanlage für 1 t Rohkohle KWst	0,46			
22	Trockner für 1 t Rohkohle KWst	1,51			
23	Förderanlage, Aufgabeapparate und Gebläse				
24	für 1 t gemahlene Kohle KWst	3,67			
25	Kohlenmühle für 1 t gemahlene Kohle KWst	16,45			
26	Kraftverbrauch der gesamten Anlage für Aufbereitung				
27	und Verfeuerung von 1 t Rohkohle KWst	22,09	10,78[1])		
28	Entsprechender Kohlenverbrauch (1 KWst = 6000 WE in der Kohle gemessen.) kg/t	18,8	9,18		

29	Verbrauch an Rohkohle im Trockner für 1 t getrocknete Rohkohle	kg/t	11,5	—		
30	Gesamter Kohlenverbrauch für Aufbereitung und Verfeuerung von 1 t pulverisierte Kohle	kg/t	30,3	9,18		
31	Verbrauch an Schmiermitteln für 1 t Rohkohle:					
32	Maschinenfett	kg/t	0,018			
33	Schmieröl	kg/t	0,40			
34	Betriebskosten für 1 t verfeuerte Rohkohle:					
35	Arbeitskosten Kohlenaufbereitung²)	M.	0,600	—	0,54	
36	„ Verfeuerung	M.	0,470	0,590		0,160
37	„ Aschenabfuhr aus Kraftwerk	M.	0,105	0,268		
38	Kohlenkosten für Trocknerbeheizung (1 t Kohle = 20 M.)	M.	0,230		0,34	
39	Stromkosten	M.	0,376	0,184	0,75	
40	Unterhaltungskosten:					
41	Wartung 15 Pf./t, Material 8,4 Pf./t, Schmiermittel 2,9 Pf./t	M.	0,264	—	0,32	0,448
42	Wartung 19,3 Pf./t, Material 20,6 Pf./t, Schmiermittel 0,84 Pf./t	M.	—	0,407		
43	Gesamte Betriebskosten für Aufbereitung, Verfeuerung, Aschenabfuhr und Unterhaltung ohne Kapitaldienst	M.	2,045	1,449	1,95	
44	Einkaufspreis für 1 t Kohle	M.	20,000	20,000		
45	Gesamtkosten für 1 t verfeuerte Kohle ohne Kapitaldienst	M.	22,045	21,449		
46	Mehrkosten von 1 t Kohle bei Kohlenstaubfeuerungen	M.	0,596	—		

Anmerkungen:

¹) Für Rostantrieb und Ventilatoren.

²) Entsprechend der Arbeit zur Erzeugung des für einen 24stündigen Betrieb mit 5 Kesseln erforderlichen Kohlenpulvers.

³) Betriebsergebnisse eines der größten und bestgeleiteten deutschen Elektrizitätswerkes aus dem Jahre 1913/14.

Speisewasser durch den Kühlmantel geflossen wäre. Die hohe Vorwärmung der Verbrennungsluft und die verhältnismäßig niedrige Lufttemperatur am Brennereintritt bei Versuch 6 bis 8 rühren davon her, daß ein Teil der Verbrennungsluft unmittelbar an der Kohlenmühle angesaugt wurde und daß die Leitung zwischen Luftvorwärmer und Brenner schlecht isoliert war. Endlich kühlte die Verdampfung des Wassergehaltes der Kohle die angewärmte Luft ab. Der verhältnismäßig hohe Gehalt an Verbrennlichem von 9,7 v. H. in der Schlacke bei Versuch 8 gegenüber nur 0,59 v. H. bei Versuch 1 dürfte mit auf die gröbere Vermahlung der Bettington-Mühle zurückzuführen sein.

Bei normalen Kesseln mit Staubfeuerungen scheint die Flugasche wesentlich mehr brennbare Bestandteile zu enthalten als die Schlacke (13,76 v. H. gegen 0,59 v. H. bei Versuch 1, Zeile 36).

Zahlentafel 13 gibt den Kraft- und Kohlenverbrauch von Aufbereitungsanlagen für Staubfeuerungen.

Für 1 t pulverisierte Kohle wurden verbraucht:

Im Oneidastraße-Kraftwerk für Trockner, Mühlen, Gebläse, Förderanlagen usw.	22,09 KWst/t
Für Kohlenmühlen allein	16,45 „
Beim Bettington-Kessel für Kohlenmühle und Gebläse je nach Belastung	26 bis 32 „

Der Kraftverbrauch der Kohlenmühlen im Oneidastraße-Kraftwerk mit nur 16,45 KWst/t ist auffallend niedrig und rührt wohl von besonders leicht mahlbarer Kohle her. Rechnet man den Brennstoffverbrauch für Beheizung der Trockner (11,5 kg/t) hinzu und nimmt man als Kohlenverbrauch für 1 KWst den niedrigen Wärmewert von 6000 WE im Brennstoff gemessen an, so wurden für Aufbereitung und Einblasen von Kohlenstaub 2,7 bis 3 v. H. der verfeuerten Kohle verbraucht. Unter Einrechnung dieser Brennstoffmenge wurden demnach bei den in Zahlentafel 12 aufgeführten Versuchen 73 bis 78 v. H. der insgesamt verbrauchten Kohlenmenge im Dampf nutzbar wiedergewonnen. Eine wesentliche Überlegenheit von Kohlenstaubfeuerungen über neuzeitliche mechanische Roste in wärmetechnischer Beziehung besteht daher auf Grund der vorliegenden Versuchsergebnisse nicht, wenigstens nicht unter den Bedingungen eines Abnahmeversuches.

Über Anheiz- und Stillstandsversuche an Kesseln mit Staubfeuerungen liegen Veröffentlichungen nicht vor. Verfasser machte an dem unter Nr. 6 bis 8 in Zahlentafel 12 gekennzeichneten Bettington-Kessel 2 Versuche zur Feststellung des Kohlenverbrauches beim Anheizen aus völlig kaltem Zustand und nach einer Betriebspause von 12 Stunden, Fig. 54. Vor Eintritt in den ersten Versuch wurde der völlig ausgekühlte Kessel mit frischem Wasser von 13° C gefüllt und befahren. Beim zweiten Versuch war der Ventilator abends wie gewöhnlich stillgesetzt und der Rauchgasschieber geschlossen worden. Beim Anheizen wurden einige brennende Ölschmutzlappen in den Brenner geworfen und die Kohlenmühle angestellt. Die Zeit vom Einbringen der brennenden Lappen bis zum Erreichen des vollen Dampfdruckes und die bis dahin verbrauchte Kohlenmenge wurden gemessen. Irgendwelche von den betriebsmäßigen Maßnahmen abweichende Manipulationen zur Verkürzung der Anheizzeit wurden nicht getroffen, es fiel daher auch jede körperliche Anstrengung des Heizers weg. Nach Anzünden des Brenners entstieg 2 bis 3 Minuten lang dem Schornstein ziemlich schwarzer Rauch, dann arbeitete der Kessel technisch rauchfrei.

Es betrug beim Anheizen	Anheizzeit Min.	Kohlenverbrauch kg	Kohlenverbrauch in v. H. des normalen stündl. Verbrauches v. H.
aus völlig kaltem Zustand . . .	22,25	287	38
nach 12stündiger Betriebspause	9,10	125	17

VII. Eignung von Kohlenstaubfeuerungen für ortsfeste Dampfkessel.

a) Allgemeines.

Kohlenstaubfeuerungen für ortsfeste Dampfkessel werden hauptsächlich folgende Vorteile gegenüber Rosten zugeschrieben:

1. Besonders hoher Wirkungsgrad infolge niederen Luftüberschusses und kleiner Rückständeverluste.
2. Große Schmiegsamkeit bei Belastungsschwankungen.
3. Große Betriebsbereitschaft und Wegfall der Leerlaufsverluste.
4. Rauchlosigkeit.
5. Einfache, saubere Bedienung infolge Wegfall der Reinigung der Feuer.

Es sollen nun die Überlegenheit von Kohlenstaubfeuerungen über mechanische Roste und ihre Aussichten in Dampfkraftwerken auf Grund der heutigen Erkenntnis und des derzeitigen Standes der Technik untersucht werden.

b) Verhalten von Kohlenstaub- und Rostfeuerungen.

1. **Thermischer Wirkungsgrad bei Vollast.** Die Überlegenheit von Staubfeuerungen über mechanische Roste wird meist in der Möglichkeit erblickt, mit sehr kleinem Luftüberschuß arbeiten zu können, ohne Verluste durch unverbrannte Gase oder schlecht ausgebrannte Rückstände befürchten zu müssen. Es ist zuzugeben, daß in rein brenntechnischer Hinsicht Kohlenstaub mit wesentlich höherem CO_2-Gehalt verbrannt werden kann als Rohkohle auf irgendeinem Roste. Tatsächlich darf jedoch der CO_2-Gehalt einen bestimmten Wert nicht übersteigen,

weil sonst das feuerfeste Mauerwerk schnell schadhaft wird und äußerst lästige Schlackenbildungen entstehen können. Schon in Kapitel V wurde darauf hingewiesen, daß unter sonst gleichen Verhältnissen der Schlackenangriff bei Kohlenstaubfeuerungen gefährlicher ist als bei Rosten, und daß schon deshalb die Feuerraumtemperatur von Rostfeuerungen nicht wesentlich überschritten werden darf. Um unter 1500 bis 1550° C Feuerraumtemperatur zu bleiben, muß aber bei Kohlenstaubfeuerungen mehr Luft zugeführt werden, als lediglich mit Rücksicht auf tadellose Verbrennung nötig wäre. Die Flammentemperatur bei Versuch 1 in Zahlentafel 12 betrug 1520° C, ein Wert, der bei Wanderrosten häufig gemessen wird. Auch der CO_2-Gehalt am Kesselende ist, wenn man von Versuch 5 aus den bereits angegebenen Gründen absieht, bei sämtlichen Versuchen in Zahlentafel 12 nicht höher als bei Rostfeuerungen. Daß die Feuerraumtemperatur mit Rücksicht auf unangenehme Schlackenbildung und starken Mauerwerksverschleiß durch absichtliche Zufuhr überschüssiger Luft heruntergedrückt werden muß, bestätigen denn auch mehrere amerikanische Veröffentlichungen. Anderson schreibt z. B. in seinem Bericht über den 4-tägigen Versuch im Oneidastraße-Kraftwerk:

„Am ersten und zweiten Versuchstag trat mehrmals Schlackenbildung infolge ungenügender Luftzufuhr ein, da die Heizer aus Überängstlichkeit mit möglichst kleinem Luftüberschuß arbeiten wollten, um recht hohen CO_2-Gehalt der Feuergase zu erzielen. Dadurch stieg die Feuerraumtemperatur so hoch, daß die Schlacke zum Schmelzen kam. Das täglich zweimal vorgenommene Entfernen der Schlacke vom Boden der Feuerung war im allgemeinen schwieriger als bei mechanischen Rosten. Die Schlacke mußte losgebrochen und herausgeholt werden, bevor sie an der feuerfesten Ausmauerung nieder zu schmelzen anfing. Es schien jedoch, als ob die unangenehme Schlackenbildung hätte fast ganz vermieden werden können, wenn der Aschfall öfters beobachtet und mehr Luft durch die Öffnungen in der Feuerungsstirnwand zugeführt worden wäre, sobald Schlackenbildung einsetzte. Aber selbst während des Schlackenziehens konnte die volle Kesselleistung durch erhöhte Brennstoffzufuhr aufrechterhalten werden. Trotzdem sank während der Entschlackung, die täglich etwa 45 min dauerte, der Wirkungsgrad.“

In der Beschreibung des neuen 200 000 KW Kraftwerkes der Milwaukee Electric Railway and Light Co. steht:

„Bei den Kohlenstaubfeuerungen wird dafür Sorge getragen werden, daß die Flammentemperatur nicht bis zum Schmelzen der Asche steigt. Die Asche wird sich dann in pulverförmigem Zustand z. T. auf dem Boden des Feuerraumes absetzen, von wo sie von Hand entfernt und der pneumatischen Entaschung zugeführt wird.“

Auch an anderer Stelle weist Anderson auf die Nachteile zu hoher Feuerraumtemperaturen für das feuerfeste Mauerwerk hin. Andere Autoren erwähnen gleichfalls, daß höchstens mit rund 15 v. H. CO_2-Gehalt gearbeitet werden dürfe. Die Schwierigkeiten, die sich der Verbrennung von Kohlenstaub mit sehr niederem Luftüberschuß entgegenstellen, sind also zweifellos noch nicht überwunden. Der CO_2-Gehalt im Feuerraum der Kessel im Oneidastraße-Kraftwerk wird leider nicht mitgeteilt. Die Flammentemperatur von 1520° C läßt auf höchstens 15 v. H. CO_2-Gehalt schließen. Diesen Betrag fand Verfasser auch im Feuerraum des untersuchten Bettington-Kessels (Zahlentafel 12). Bei anderen Versuchen an diesen Kesseln wurden aber Durchschnittswerte von 17 v. H. festgestellt, Fig. 58. Aus den im Kapitel IV b dargelegten Gründen ist bei Bettington-Kesseln hohe Feuerraumtemperatur im allgemeinen unschädlich; Bettington bringt ja auch die Asche bewußt zum Schmelzen. Auch bei Flammrohrkesseln, wo die feuerfeste Ausmauerung vom Flammrohr gekühlt wird, dürften die Verhältnisse in dieser Hinsicht etwas günstiger liegen.

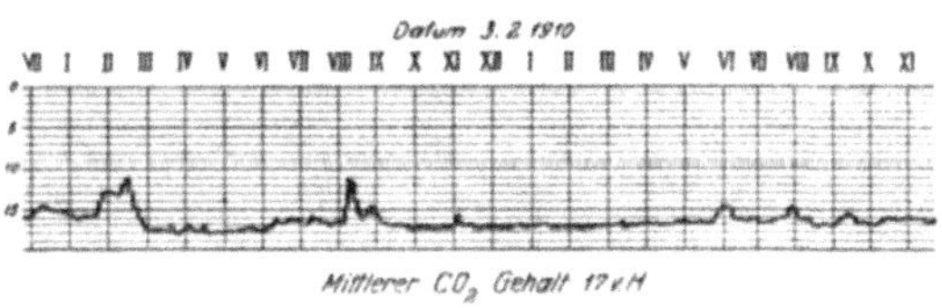

Fig. 58.
CO_2-Gehalt im Feuerraum eines Bettington-Kessels.

Alles in allem kann aber die Möglichkeit, mit sehr niederem Luftüberschuß zu arbeiten, bei Staubfeuerungen meist nicht voll ausgenutzt werden, vielmehr ist der CO_2-Gehalt in vielen Fällen, wenigstens bei Vollast und unter den Bedingungen von Abnahmeversuchen, nicht wesentlich höher als bei gutbedienten, neuzeitlichen mechanischen Rosten. Dagegen sind die Verluste in den Rückständen bei Verfeuerung von Kohlenpulver für viele, insbesondere für aschenreiche Brennstoffe niedriger als bei Rosten. Zum mindesten brennen auf Rosten manche Kohlen nur bei großer Aufmerksamkeit der Heizer gut aus, während Staubfeuerungen in dieser Beziehung an Fleiß und Achtsamkeit der Bedienung keine besonderen Anforderungen stellen. Zieht man endlich noch den Kohlenverbrauch der Aufbereitungsanlage in Betracht, so kann bei Vollast und gutartiger Kohle von einer wesentlichen Überlegenheit der Kohlenstaubfeuerungen über neuzeitliche mechanische Roste in thermischer Hinsicht nicht gesprochen werden. Für gewisse Kohlen, die auf Rosten nur schlecht brennen, wird dagegen in Kohlenstaubfeuerungen zweifellos ein höherer Wirkungsgrad erzielt. Es braucht sich dabei keineswegs um ausgesprochen minderwertige Kohlen zu handeln. Abfallprodukte mit hohem Heizwert und gutem Gasgehalt, wie z. B. die Clifton and Kersley Dant Staubkohle, die bei Versuch 7, Zahlentafel 12, verfeuert wurde, sind für Staubfeuerungen unter Umständen hochwertiges Material. Werke, die über ähnliche Brennstoffsorten, die übrigens häufig schlecht zu transportieren sind, verfügen, werden öfters mit Vorteil Staubfeuerungen benutzen. Ähnliches gilt für Kohlen mit hohem Aschengehalt, wenngleich mechanische Roste heutzutage auch viele aschenreiche Brennstoffe, die früher nur mangelhaft verfeuert werden konnten, recht gut verarbeiten. Freilich bleibt die Frage offen, ob solche Kohlen nicht oft besonders bösartige Schlacke geben, die

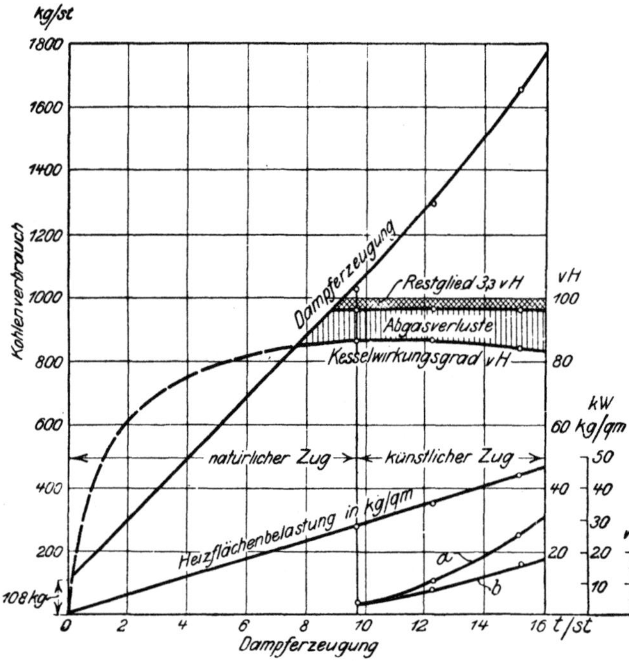

a = Kraftbedarf des Saugzugmotors in KW.
b = Kohlenverbrauch des Saugzugmotors in v. H. der verfeuerten Kohlenmenge.
Die Kurven sind umgerechnet auf Kohle von 7000 WE/kg und eine Erzeugungswärme des Dampfes von 700 WE/kg.

Fig. 59. Kennlinien eines Hochleistungskessels von 344 m² Heizfläche mit Ekonomisern, Wanderrosten und künstlichem Zug.

den Vorteil von Staubfeuerungen wieder aufhebt. Schlackenbildung hängt natürlich eng mit der Zusammensetzung einer Asche zusammen. Da fast keine Erfahrungen über die Eignung deutscher Kohlen für staubgefeuerte Kessel vorliegen, empfiehlt sich vorsichtiges Vorgehen. Insbesondere sollte man sich davor hüten, an einer Stelle gewonnene günstige Ergebnisse vorschnell zu verallgemeinern.

2. **Thermischer Wirkungsgrad bei Teillast.** Das Verhalten einer Feuerung bei Vollast gibt noch kein zuverlässiges Bild über die Wärmeausnutzung im praktischen Betriebe, da die Fälle, wo Kessel dauernd

voll belastet arbeiten, nur Ausnahmen sind. Bei Rosten ist die Rostfläche bei Teillast im allgemeinen zu groß, man erzielt daher meist nicht den CO_2-Gehalt wie bei Vollast. Dieser Nachteil wird allerdings zum Teil durch die geringere Beanspruchung der Heizfläche ausgeglichen. Daß neuzeitliche Hochleistungskessel innerhalb eines recht weiten Belastungsbereiches mit hohem Wirkungsgrad arbeiten, zeigt Fig. 59, deren Werte von einem Hochleistungswasserrohrkessel mit Wanderrosten und künstlichem Zug stammen. Ferner sind Bestrebungen im Gange und haben schon zu beachtenswerten Ergebnissen geführt, um Roste schmiegsamer zu machen. Sie zielen im allgemeinen auf eine höhere Beanspruchung der Rostfläche überhaupt ab derart, daß der Schornsteinzug von einer gewissen Leistung an durch Unterwind unterstützt wird. Eine wesentliche Erhöhung der spezifischen Rostbelastung ist nach Ansicht des Verfassers ohne große Schwierigkeiten möglich und würde die Brauchbarkeit mechanischer Roste zweifellos sehr verbessern. Zur Zeit liegen die Verhältnisse so, daß die Kessel mehr hergeben können, als die Roste zu leisten vermögen und die Ausführungen des Verfassers aus dem Jahre 1916: „Eine dahinzielende Verbesserung der Roste ist zweifellos eine der wichtigsten Aufgaben des Kesselbaues für die nächsten Jahre", trifft auch heute noch zu.

Der Unterschied zwischen der Wärmeausnutzung bei Abnahmeversuchen und im praktischen Betrieb wird aber für Teillast bei Rostfeuerungen größer als bei Staubfeuerungen. Ist bei Staubfeuerungen das richtige Mischungsverhältnis einmal eingestellt, so bleibt es ohne Zutun des Heizers erhalten, während bei Rosten zufällige Unregelmäßigkeiten in der Rostbedeckung es jederzeit verändern können. Dieser grundsätzliche Unterschied macht sich bei wechselnder Belastung noch stärker geltend. Während nämlich der Brenner bzw. die Staubzufuhr mit wenigen Handgriffen der veränderten Belastung angepaßt werden kann, greift jede Verstellung des Rostvorschubes oder der Schütthöhe in das Gleichgewicht einer großen Kohlenmasse ein und führt infolge ihrer Trägheit meist erst nach einiger Zeit zu einem neuen Gleichgewichtszustand. Geschickte und aufmerksame Heizer gleichen diesen Nachteil allerdings weitgehend aus. Sie sind aber schwer aufzutreiben und vermögen nur wenige Kessel gleichzeitig ordnungsgemäß zu bedienen. Bei Staubfeuerungen endlich läßt sich die Brennstoffzufuhr verhältnismäßig einfach dem Dampfbedarf selbsttätig anpassen. Es erscheint sogar technisch durchführbar, mit Automaten dauernd auf konstanten CO_2-Gehalt zu arbeiten. Dadurch würde bei Dampfkesseln eine ähnliche Selbstregelung ermöglicht, wie sie z. B. bei Ölmaschinen längst bekannt ist und als selbstverständlich angesehen wird. Die Mechanisierung der Kesselhäuser würde dann eine selbst für heutige Verhältnisse außerordentliche Vollkommenheit erreicht haben. Nach privaten, dem Verfasser zugegangenen Mitteilungen scheint aber der Arbeitsbereich von Staubfeuerungen kein unbegrenzter zu sein. Auf die Bedeutung ausreichend bemessener Feuerräume wurde in Kapitel III wiederholt hingewiesen. Angeblich sollen nun bei einer wesentlich unter der normalen liegenden Belastung die Brenner mangelhaft arbeiten und zwar auch dann, wenn sie durch teilweises Abschalten überflüssiger Brenner vollbelastet weiterarbeiten. Ob dieses Verhalten nur mit der Temperaturabsenkung des Feuerraumes bei Teillast zusammenhängt, Fig. 49, oder ob auch andere Einflüsse eine Rolle spielen, kann aus Mangel an Unterlagen nicht gesagt werden. Es ist anzunehmen, daß Beschränkung der unmittelbaren Wärmeabstrahlung nach der Heizfläche auch bei verminderter Kesselbelastung ausreichende Feuerraumtemperaturen gibt. Freilich wird man von diesem Mittel nur mäßigen Gebrauch machen dürfen, weil sonst bei voller Belastung die Temperatur zu hoch wird. *Kohlenstaubfeuerungen unter normalen Kesseln haben eben grundsätzlich alle Nachteile von Vorfeuerungen für hochwertige Brennstoffe, ohne daß durch entsprechende Anordnung der Heizflächen usw. die Feuerraumtemperatur ohne Zufuhr überschüssiger Luft lediglich durch bauliche Maßnahmen im selben Maße begrenzt werden kann wie bei mechanischen Rosten.* In Anlagen, wo jeder Kessel eine besondere Mühle hat, oder wo aus anderen Gründen Kohlenstaub nicht gestapelt werden kann, wird die thermische Überlegenheit von Staubfeuerungen zum Teil durch den hohen Kraftverbrauch der Aufbereitung bei Teillast wieder aufgehoben. Es wird allerdings meist möglich sein, nur einen Kessel mit stark verminderter Belastung zu betreiben und überflüssige mit ihrer ganzen Leistung abzuschalten. In Werken mit nur einem Dampferzeuger, wo fast nur Kessel mit dauernd laufender Mühle in Betracht kommen, spielt der hohe Kraftverbrauch der Mühle bei Teillast nicht immer die Rolle, wie es zunächst den Anschein hat.

3. Betriebsbereitschaft, Anheiz- und Leerlaufsverluste. Außer dem Verhalten bei Teillast sind Betriebsbereitschaft und Anheiz- und Leerlaufsverluste für die Beurteilung einer Feuerung im praktischen Betriebe sehr wichtig. Sie hängen nicht nur mit der Wirtschaftlichkeit im weiteren Sinne, sondern auch mit dem thermischen Wirkungsgrad eines Dampfkessels eng zusammen, da auch in thermischer Hinsicht letzten Endes der Gesamtbrennstoffverbrauch entscheidet und nicht ein besonders günstiger Wirkungsgrad bei einer bestimmten Belastungsstufe. Schnelle Betriebsbereitschaft ist natürlich für viele Werke äußerst wertvoll. Bei Staubfeuerungen dürfte es leichter möglich sein, abgestellte Kessel längere Zeit hindurch unter Druck zu halten, weil das Eindringen falscher Luft im allgemeinen besser verhindert werden kann als bei großen mechanischen Rosten. Fraglich bleibt aber, bis zu welcher Betriebspause Staubfeuerungen ohne umständliche Vorbereitungen wieder zünden. Staubfeuerungen unter normalen, kaltliegenden Wasserrohrkesseln brauchen praktisch jedenfalls fast ebensoviel Zeit zum Dampfmachen wie mechanische Roste. Selbst wenn es gelänge, die Flamme an sich schnell zum sicheren Zünden zu bringen, so ständen doch Rücksichten auf die ausgedehnten, feuerfesten Gewölbe einer zu schnellen Erwärmung im Wege. Die Betriebsbereitschaft von Staubfeuerungen unter normalen Dampfkesseln ist daher kaum wesentlich größer als die von Rosten. Sonderbauarten, wie z. B. der Bettington-Kessel, können allerdings erheblich überlegen sein.

Die Ergebnisse von Anheiz- und Leerlaufsversuchen an Kesseln mit Wanderrosten und an einem Bettington-Kessel sind in Zahlentafel 14 zusammengestellt.

Zur Beurteilung des Verhaltens kohlenstaubgefeuerter Dampfkessel beim Anheizen empfiehlt es sich, die Vorgänge hierbei näher zu betrachten. Die zum Anheizen erforderliche Zeit und Kohlenmenge hängen ab von:

A. Der Dauer der vorhergehenden Betriebspause.

B. Dem Brennstoff.

C. Den Eigenschaften des Kessels und zwar:

1. seinem Wasserinhalt und seiner Mauerwerksmasse;
2. seiner Rostfläche;
3. der Wärmedichtheit seiner Einmauerung und Isolierung;
4. dem Wirkungsgrad während des Anheizens.

Bei Verwendung normaler Wasserrohrkessel bestehen hinsichtlich Punkt 1. und 3. keine nennenswerten Unterschiede zwischen Rosten und Staubfeuerungen. Punkt 4. ist für Rostfeuerungen durch mehrere Versuche befriedigend geklärt; Versuch 10. und 11. in Zahlentafel 14 sind die einzigen Mitteilungen über Anheizversuche mit Staubfeuerungen. Auf so schmaler Basis kann eine allgemein gültige Vergleichsrechnung zwischen Rosten und Staubfeuerungen nicht aufgebaut werden. Um sie trotzdem im praktischen Betriebe miteinander vergleichen zu können, wird als Vertreter der Staubfeuerungen eine dem Bettington-Kessel ähnliche Sonderbauart vorausgesetzt, die schnelles Hochheizen gestattet. Folgende Berechnung darf daher nicht auf sämtliche Kessel mit Staubfeuerungen verallgemeinert werden. Es wurde angenommen, daß bei beiden Feuerungsarten der stündliche Kohlenverbrauch bei Vollast unter den Bedingungen eines Abnahmeversuches 1000 kg beträgt und daß die Kessel durchschnittlich mit 80 v. H. ihrer normalen Leistung belastet sind. Der Unterschied zwischen der Wärmeausnutzung im praktischen Betriebe und bei Abnahmeversuchen, der durch ungleichmäßige Belastung und durch Unvollkommenheiten der Bedienung

Zahlen-

Zusammenstellung von Versuchen über Anheiz-

1	Nr. des Versuches	1	2	3	4
2	Versuchsleiter	Guilleaume		Guilleaume	
3	Bauart des Kessels	normaler Schrägrohrkessel			
4	Bauart der Feuerung	Kettenrost		Kettenrost	
5	Heizwert der Kohle . . . . . . WE/kg	6500		6500	
6	Festwerte des Kessels:				
7	Heizfläche des Kessels . . . . m^2	413,5		305	
8	Heizfläche des Überhitzers . . m^2	88,4		110	
9	Rostfläche . . . . m^2	14,5		7,9	
10	Wasserinhalt des Kessels . . . m^3	21,9		17,6	
11	Normale Kesselbelastung . $kg/m^2 st$[1]	28		17	
12	Betriebsdruck des Kessels . . . . at	14		14	
13	Kohlenverbrauch bei normaler Kesselbelastung . . . . kg/st	1550		697	
14	Von 1 m^2 Rostfläche zu erwärmender Kesselinhalt . . . . m^3	1,5		2,23	
15	Wasserinhalt des Kessels auf 1 t normale Kesselbelastung . . . . m^3	1,89		3,40	
16	Anheizversuche:				
17	Vorangegangene Betriebspause . . st	>24	rd. 11	>24	rd. 9
18	Anfangstemperatur des Speisewassers . . . . °C	30	(6,5 at)	30	(8,5 at)
19	Wärmebedarf des Kesselinhaltes bis zum Erreichen des Betriebsdruckes . . . . WE	3 378 000	490 000	3 038 000	388 000
20	Mittlere Dauer der Anheizperiode min.	60	40	90	40
21	Kohlenverbrauch beim Anheizen kg	1300	800	935	350
22	„Wirkungsgrad" beim Anheizen v. H.	40	10[3])	50	17[3])
23	Anheizkohle in v. H. des Kohlenverbrauchs bei normaler Belastung	84	51	134	50

Anmerkungen:

[1]) Kessel wurde absichtlich langsam ohne laufenden Saugzugventilator hochgeheizt.

[2]) Kessel war mit gedämpftem Feuer und von der Dampfsammelleitung abgesperrt etwa 12 Stunden lang vor Hochheizversuch auf 10 at Druck gehalten worden.

verursacht wird, wurde je nach der täglichen Betriebsdauer durch Zuschläge zum Verbrauch bei den Abnahmeversuchen verschieden gewertet (siehe Zahlentafel 15, Zeile 6) und bei Rosten um 2 bis 3 v. H. höher als bei Staubfeuerungen angenommen. Auf Grund dieser Annahme wurden folgende Fälle untersucht:

Fall 1: Die Kessel liefern täglich während 8 Stunden Dampf mit einer einstündigen Mittagspause.

tafel 14.

und Leerlaufsverluste von Dampfkesseln.

5	6	7	8	9	10	11
	Dr. Münzinger Schiffskessel		Dr. Münzinger kombinierter Schrägrohr-u. Steilrohrkessel	Dr. Münzinger kombinierter Schrägrohr-u. Steilrohrkessel	Dr. Münzinger Bettington	
	Wanderrost		Wanderrost	Wanderrost	Staubfeuerung	
	7200		7500	7500	5600	
	500		600	344	195,8	
	175		220	98	46,5	
	20,2		23,0	13,9	—	
	19,5		31,5	21,0	4,66	
	35		35	35	25	
	14		14	14	10,5	
	2100		2400	1400	750	
	0,97		1,37	1,51	—	
	1,11		1,50	1,75	0,95	
	Versuch 6 bis 9 sind Leerlaufsversuche, bei denen die Kessel bei abgesperrtem Dampfventil um 2 bis 4 at unter Betriebsdruck gehalten wurden					
>24	—²)	—	—	—	>24	rd. 12
20	·	(11,5 at)		—	13	(5,0 at)
3 690 000	—	—	—	—	—	—
101²)	rd.37	—	—	—	22,25	9,1
1850	505	70	170	108	287	125
—	—	—	—	—	50	19³)
87	24	3,3⁴)	7⁴)	8⁴)	38	17

³) Wahrscheinlich hatte ein Teil des Kesselinhalts eine tiefere Temperatur als dem Dampfdruck bei Beginn des Hochheizens entsprach.

⁴) Stündlicher Kohlenverbrauch bei Leerlauf in v. H. des stündlichen Vollastverbrauches.

Fall 2 bis 4: Die Kessel liefern täglich ohne Mittagspause während 8, 12, 16 Stunden Dampf.

Fall 1 entspricht den Verhältnissen zahlreicher Fabriksbetriebe, Fall 2 bis 4 mehr denjenigen von Elektrizitätswerken.

Tatsächlich wird in den meisten Elektrizitätswerken und in ähnlichen Anlagen mit starken Belastungswechseln in den Schwachlastperioden nur ein Teil der Kessel ganz außer Betrieb genommen. Um aber die

Verhältnisse rechnerisch verfolgen zu können, wurde so gerechnet, als ob alle Kessel gleichmäßig belastet würden. Diese Annahme empfiehlt sich wegen ihrer Einfachheit und Übersichtlichkeit und ist durchaus genügend genau, da es ja nicht so sehr auf absolut richtige Werte als auf das Verhältnis zweier Größen zueinander ankommt.

Nach Zahlentafel 14, Zeile 23 sind stündlich etwa 4 bis 8 v. H. des Vollastkohlenverbrauches nötig, um einen von der Dampfleitung abgesperrten Kessel mit Wanderrosten auf einem 2 bis 4 at unter der Betriebsspannung liegenden Druck zu halten. Wählt man den besonders günstigen, in Versuch 5 bis 7 der Zahlentafel 14 gekennzeichneten Kessel, so kommt zum Leerlaufsverbrauch von 4. v. H. noch ein zusätzlicher Verbrauch von 24 v. H. hinzu, um den Kessel wieder in einen, die Dampflieferung ermöglichenden Zustand zu bringen. Die Versuche 1 bis 7 zeigen ferner, daß es von einer bestimmten Betriebspause an vorteilhafter ist, den Kessel frisch anzuheizen, statt ihn dauernd unter Dampfdruck zu halten. In Zahlentafel 15 wurde die jeweils günstigste Betriebsweise gewählt.

Aus Zahlentafel 15 und aus Fig. 60 geht hervor, daß unter den angegebenen Vergleichsbedingungen Staubfeuerungen um 2 bis 14 v. H. weniger Kohle verbrauchen als mechanische Roste, je nachdem die tägliche Dampflieferung 24 bis 6 Stunden dauert.

Bei dieser Berechnung sind aber die wärmetechnischen Vorteile von Staubfeuerungen sicher zu gering bewertet. Kohlen mit einigermaßen unangenehmer Schlackenbildung, Brennstoffwechsel, Gleichgültigkeit und Ermüdung der Arbeiter usw. machen sich bei Rosten zweifellos wesentlich stärker geltend als den Werten in Zahlentafel 15 entspricht. Man wird daher der Wirklichkeit recht nahe kommen, wenn man zu den Angaben von Fig. 60, die Mindesterspamisse gegenüber besonders gut geleiteten Werken mit Rosten und einer für Roste besonders geeigneten Kohle darstellen, 3—4 v. H. addiert. Damit ergibt sich bei Kohlenstaubfeuerungen in Werken, deren tägliche Dampfabgabe geringer ist, als einer 9—12stündigen Belastung von 80 v. H. entspricht, ein Brennstoffminderverbrauch von 10 v. H. oder mehr gegenüber Anlagen mit mechanischen Rosten. Diese Zahl mag im einen oder andern Falle nicht ganz zutreffen, ist aber zweifellos wesentlich zuverlässiger als eine Ersparnis von 20 v. H. oder mehr, mit der amerikanische und englische Veröffentlichungen ohne Rücksicht auf die besonderen Betriebsbedingungen eines Werkes ganz summarisch rechnen. Dafür, daß der Betriebswirkungsgrad von Werken mit Rosten in Zahlentafel 15 nicht zu ungünstig berechnet ist, spricht u. a. der Umstand, daß in einem der größten und am besten geleiteten deutschen Elektrizitätswerke der Wirkungsgrad der Kesselanlage im normalen Betriebe nur 73—75 v. H. gegenüber 84 v. H. bei den Abnahmeversuchen ist. Der große Unterschied rührt

Zahlentafel 15.

Täglicher Kohlenverbrauch für verschiedene Betriebsweisen bei Kesseln mit Rosten und bei Kesseln mit Staubfeuerungen.

1	Betriebsweise: Fall	I		II		III		IV	
2	Feuerungsart	Staubfeuerung	Roste	Staubfeuerung	Roste	Staubfeuerung	Roste	Staubfeuerung	Roste
3	Dauer der täglichen Dampflieferung . . . . . . st	8st mit 1st Mittags-Pause		8		12		16	
4	Günstigster Kohlenverbrauch bei Vollast kg/st	1000		1000		1000		1000	
5	Durchschnittliche Kesselbelastung . . . . v. H.	80		80		80		80	
6	Zuschlag zum günstigsten Vollastkohlenverbrauch v. H.	5	8	4	7	3	5	2	4
7	Tatsächlicher stdl. Kohlenverbrauch während der Dampflieferung im praktischen Betriebe . kg/st	840	864	832	856	824	840	816	832
8	Täglicher Kohlenverbrauch während der Dampflieferung . . . . . . kg	6720	6912	6656	6848	9888	10 080	13 056	13 312
9	während des Anheizens bzw. im Leerlauf . kg	215	730	230	770	140	600	115	415
10	in der Mittagspause . kg	40	120	—	—	—	—	—	—
11	gesamter tägl. Kohlenverbrauch . . . . kg	6975	7762	6886	7618	10 028	10 680	13 171	13 727
12	Mehrverbrauch bei Rosten in . . . v. H.	—	11,3	—	10,6	—	6,5	—	4,2
13	Betriebswirkungsgrad unter Annahme eines Abnahmeversuchswirkungsgrades bei Vollast von 84 v. H.	77,0	69,3	78,1	70,5	80,3	75,5	81,6	78,3

fast ganz von den Verlusten der „Spitzenkessel“ beim Anheizen und während des Stillstandes her.

Die Vergleichsrechnung kann natürlich nur ein ungefähres Bild von der wirtschaftlichen Eignung von Staubfeuerungen geben, da sich eine Reihe von Faktoren rechnerisch überhaupt nicht oder doch nur auf Grund konkreter Unterlagen erfassen lassen. Sie ist ferner infolge der zur Zeit sehr schwankenden Preise und des Mangels an zuverlässigen Angaben über Aufbereitungskosten von Kohlenstaub etwas unsicher. Gelingt es, durch wesentlich stärkere Rostbelastung die Leerlaufs-

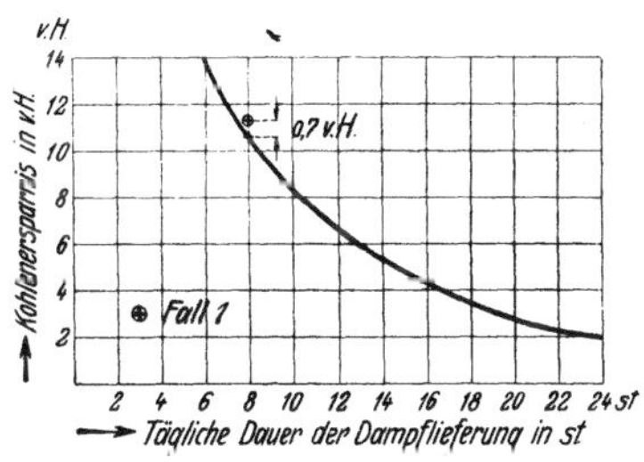

Fall 1: Anlage arbeitet mit einstündiger Mittagspause.

Fig. 60. Mindestersparnis an Kohle bei Staubfeuerungen gegenüber mechanischen Rosten im normalen Betriebe.

verluste von Kesseln mit mechanischen Rosten herabzusetzen und den Wirkungsgrad beim Anheizen zu erhöhen, so verschiebt sich die Sachlage weiter zugunsten der Roste. G r u n d s ä t z l i c h z e i g e n a b e r d i e B e t r a c h t u n g e n, d a ß e i n e d e r H a u p t v o r a u s s e t z u n g e n f ü r d i e p r a k t i s c h e B r a u c h b a r k e i t u n d w i r t s c h a f t l i c h e W e t t b e w e r b s f ä h i g k e i t v o n S t a u b f e u e r u n g e n e i n e K e s s e l b a u a r t i s t, d i e s c h n e l l s t e s A n h e i z e n e r m ö g l i c h t u n d s e h r s c h m i e g s a m i s t.

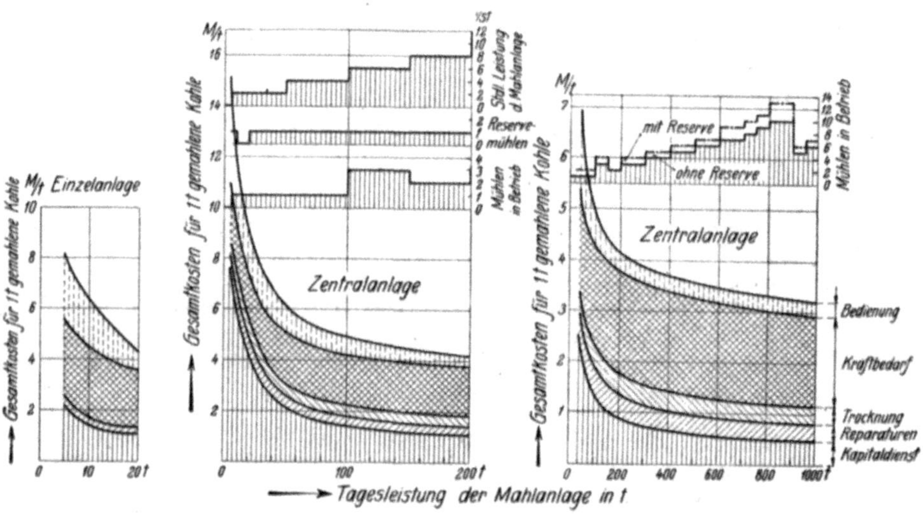

Kosten von 1 KWst = 10 Pfg., Tagelohn eines Arbeiters = 10 M., Reparatur- und Instandhaltungskosten = 10 Pfg./t, Verzinsung und Abschreibung = 16 v. H. Jährliche Arbeitsdauer = 300 Tage.

Soll mit einem gleichbleibenden Kraftbedarf von 25 KWst/t gerechnet werden, so ist zu den Werten der beiden Schaubilder für Zentralanlagen zu addieren zwischen 10 t und 500 t rd. 0,50 M/t,
550 t und 900 t rd. 0,65 M/t,
900 t und 1000 t rd. 0,90 M/t.

Fig. 61. Aufbereitungskosten für 1 t Kohlenstaub in Zentral- und Einzelanlagen auf Grund von Vorkriegspreisen.

VIII. Wirtschaftliche Aussichten von Kohlenstaubfeuerungen.

a) W e t t b e w e r b z w i s c h e n K o h l e n s t a u b f e u e r u n g e n u n d R o s t e n.

1. **Aufbereitungskosten von Kohlenstaub.** Von entscheidender Bedeutung für die wirtschaftlichen Aussichten von Staubfeuerungen sind die Aufbereitungskosten des Kohlenpulvers. Aus Mangel an Werten aus deutschen Kohlenmahlanlagen mußte ausschließlich auf Mitteilungen der englischen und amerikanischen Literatur zurück-

gegriffen werden, die leider nur zum Teil Wert haben, weil sie oft sehr mangelhaft und widerspruchsvoll sind. Manche Veröffentlichungen geben z. B. zwar die Kosten für Löhne, Stromverbrauch, Abschreibung und Verzinsung an, nennen aber den Preis von 1 KWst bzw. den Stromverbrauch für die Erzeugung von 1 t Kohlenstaub, den Prozentsatz für Abschreibung und Verzinsung, den Tagelohn eines Arbeiters und den Preis der Rohkohle meist nicht und sind deshalb und infolge anderer Mängel für eine allgemeine Beurteilung ungeeignet. Zur Ermöglichung eines einwandfreieren Vergleiches wurden in Zahlentafel 16 und 17 und in Fig. 61 im Gegensatz zu den benutzten Quellen folgende einheitliche Ausgangswerte verwendet:

Stromverbrauch zum Herstellen von 1 t Kohlenpulver . .	25	KWst/t
Kosten von 1 KWst	10	Pf.
Tagelohn eines Arbeiters	10	M.
Preis von 1 t Rohkohle (im Original 35 bis 40 $)	40	M./t
Verzinsung und Abschreibung	16	v. H.

Zahlentafel 16.

Aufbereitungskosten für 1 t Kohlenstaub auf Grund von amerikanischen Angaben aus dem Jahre 1919[3]).

Nr.	Tagesleistung der Mahlanlage bei 24stünd. Betrieb	Arbeitslöhne. (Tagelohn eines Arbeiters 10 Mk.)	Stromkosten (1 KWst. kostet 10 Pf.)	Trocknungskosten (1 t Kohle kost. 40 M.)	Reparaturkosten	Verzinsung und Abschreibung 16 v. H.	Gesamte Herstellungskosten v. 1 t Kohlenpulver	Anlagekosten der Aufbereitungsanlage mit Gebäude	Aufbereitungskosten in v. H. der Kohlenkosten (1 t Kohle kost. 40 M.)
	t[1])	M./t[2])	M./t	M./t	M./t	M./t	M./t	M.	v. H.
	a	b	c	d	e	f	g	h	i
1	30	1,46	2,50	0,63	0,34	2,88	7,81	135 000	19,5
2	40	1,60	2,50	0,63	0,34	2,16	7,23	135 000	18,1
3	50	0,89	2,50	0,63	0,34	1,96	6,32	153 000	15,8
4	60	0,75	2,50	0,63	0,34	1,63	5,85	153 000	14,6
5	70	0,62	2,50	0,63	0,34	1,40	5,49	153 000	13,7
6	80	0,92	2,50	0,58	0,34	1,23	5,57	153 000	13,9
7	90	0,73	2,50	0,58	0,34	1,64	5,79	230 000	14,5
8	100	0,67	2,50	0,58	0,34	1,47	5,56	230 000	13,9
9	125	0,35	2,50	0,58	0,34	1,18	4,95	230 000	12,4
10	150	0,43	2,50	0,53	0,34	0,98	4,78	230 000	12,0
11	200	0,32	2,50	0,53	0,34	0,98	4,67	305 000	11,7
12	250	0,39	2,50	0,53	0,34	0,78	4,54	305 000	11,4
13	300	0,32	2,50	0,53	0,34	0,79	4,48	370,000	11,2

Anmerkungen:

[1]) Tägliche Betriebsdauer der Mühle angenommen zu 20 st.
„ „ „ Kessel „ „ 24 st.
Jährliche Betriebszeit der Mühlen „ „ 300 Tagen.

[2]) 6 Arbeitstage in der Woche bei 8stündiger Arbeitszeit.

[3]) Die Anlagekosten entsprechen offensichtlich Vorkriegspreisen.

Zahlentafel 17.

Aufbereitungskosten für 1 t Kohlenstaub in einer amerikanischen Anlage im Jahre 1917/1918.

Fall	I	Ia[3])
Tägliche Normalleistung der Anlage . . . . t/24 st	80	80
Durchschnittliche Belastung der Anlage . . t/24 st	30—35	60
Jährlich erzeugte Menge an gepulverter Kohle t	9000	18 000
Ungefähre Anlagekosten . . . . M.	233 000[1])	233 000[1])
Ausgaben für:		
Schmierung, Putzmittel und Lagermaterialien M./t	0,68	0,50
Arbeitslöhne . . . . M./t	3,35[2])	3,00
Stromkosten (1 KWst = 10 Pf.) . . . . . . M./t	1,25[4])	1,25[4])
Reparaturen . . . . M./t	1,37	1,00
Verzinsung und Abschreibung (16 v. H.) . . M./t	4,15	2,08
Gesamtkosten für Erzeugung von 1 t Kohlenpulver M./t	10,80	7,83
Desgl. bei einem Stromverbrauch von 25 KWst M./t	12,05	9,08

Anmerkungen:

[1]) Zur Ermittlung der Ausgaben für Verzinsung und Abschreibung sind ebenso wie im Original die Anlagekosten um 50 v. H. höher eingesetzt als die Katalogpreise des Jahres 1914.

[2]) Für 7 Arbeiter.

[3]) Kosten schätzungsweise umgerechnet auf eine tägliche Erzeugung von 60 t Kohlenpulver.

[4]) Unter normalen Verhältnissen sind hierfür 2,00 bis 2,50 M./t zu rechnen entsprechend 20 bis 25 KWst/t.

In den Anlagekosten von Fig. 61 sind noch die Kosten von 100 m Transportschnecken enthalten. Mit Rücksicht auf die derzeitigen außerordentlichen Unterschiede der verschiedenen Währungen wurden fremde Währungen nach Vorkriegskursen in deutsche Valuta umgerechnet. Dieses Verfahren hat zwar Mängel, ist aber bei den derzeitigen Verhältnissen am einfachsten und zuverlässigsten. Die verschiedenen Kosten können übrigens unter Einsetzung des augenblicklichen Kurses unschwer von Fall zu Fall umgerechnet werden. Amerikanische Abhandlungen nennen als reine Mahlkosten ohne Verzinsung, Abschreibung und andere Abgaben 30—60 cts (1,2—2,5 M./t) und behaupten, die Kosten bei Verfeuerung von Rohkohle auf Rosten seien ebenso groß, wenn in beiden Fällen die Ausgaben für Brennstofftransport, Feuerungsreparaturen und Kraftbedarf der Unterwindventilatoren angerechnet werden. Die Angaben von Fig. 61 und Zahlentafel 16 stimmen befriedigend miteinander überein, die Werte der Zahlentafel 17 sind allerdings beträchtlich höher. Insbesondere die Beträge für Arbeitslöhne und Reparaturen in Zahlentafel 17 sind im Vergleich zu Fig. 61 und Zahlentafel 16 auffallend groß. Im ganzen zeigen die Mitteilungen, daß selbst in den größten Anlagen die Aufbereitungskosten mindestens 10 v. H. der Kohlenkosten betragen und mit fallender Mahlleistung schnell steigen. Im Kapitel VII 3 wurde gezeigt, daß im normalen Betrieb die Brennstoffersparnis bei Kohlenstaubfeuerungen gegenüber mechanischen Rosten $\geqq$ 10 v. H. ist, wenn die tägliche Dampferzeugung einer Kesselanlage kleiner ist, als einer 80 prozentigen Belastung von 9—12 Stunden entspricht.

Dies trifft bei vielen Elektrizitätswerken und in zahlreichen Fabriken zu. In solchen Anlagen mit einem täglichen Kohlenverbrauch von mehr als 125—150 t sind daher Kohlenstaubfeuerungen ebenso wirtschaftlich oder wirtschaftlicher als neuzeitliche mechanische Roste. Die rein finanzielle Überlegenheit ist aber nicht so groß, daß sie allein das Risiko der Erstellung teurer, in europäischen Dampfkraftwerken fast gar nicht erprobter Feuerungsanlagen für Kohlenstaub rechtfertigen würde. Erst Hinzutreten mittelbarer Vorteile wie z. B. sauberer, weitgehend mechanisierter Betrieb, Wegfall schwerer körperlicher Arbeit, schnelle Betriebsbereitschaft usw. kann Kohlenstaubfeuerungen merklich überlegen machen. Auch in diesem Zusammenhang zeigt sich die Bedeutung von Sonderkesseln, die die Eigenschaften von Staubfeuerungen: schnellstes Anheizen und höchsten CO_2-Gehalt bei Unempfindlichkeit gegen Schlackenangriff auszunutzen gestatten. Zur Zeit liegen aber die Verhältnisse so, daß grundsätzliche Vorteile von Staubfeuerungen mangels geeigneter Kessel gar nicht voll zur Geltung kommen.

Die hin und wieder geäußerte Ansicht, Kohlenstaubfeuerungen seien nur für annähernd dauernd voll belastete Kessel vorteilhaft, ist falsch. Richtig ist, daß infolge noch nicht ganz behobener Mängel Kohlenstaubfeuerungen bei voller Belastung am günstigsten arbeiten, bei Schwachlast aber noch zu wünschen übrig lassen. Wirtschaftlich überlegen werden Staubfeuerungen aber nur dann werden, wenn sie anschmiegungsfähiger sind als mechanische Roste. Der Umstand, daß diese Frage noch nicht voll gelöst ist, sollte nicht dazu verleiten, Staubfeuerungen für Fälle zu propagieren, in denen sie zwar technisch vorzüglich arbeiten, wirtschaftlich aber meist nicht wettbewerbsfähig sind, und darüber die Erschließung eines Gebietes zu vernachlässigen, das ihre ureigenste Domäne werden muß, wenn sie Roste übertreffen sollen.

Verfeuerung von Kohlenstaub unter Dampfkesseln verspricht nur dann einen wirklichen Fortschritt, wenn Feuerung und Kessel einheitlich durchgebildet werden und sich gegenseitig anpassen und ergänzen. Zwar wird Kohlenstaub auch unter normalen Kesseln oft mit Nutzen verfeuert werden können, eine derartige Kombination bleibt aber für die allgemeine Verwendbarkeit so lange ein Kompromiß, als nicht neue Brennerkonstruktionen oder andere Mittel gefunden werden.

In wirtschaftlicher Hinsicht spielen bei Kohlenstaubfeuerungen die Mahlkosten die wichtigste Rolle. Sie machen selbst bei den größten Anlagen 50 v. H. und mehr der gesamten Aufbereitungskosten aus und überwiegen den Kapitaldienst bei weitem. Es sollten daher tunlichst solche Kohlen in Staubform verfeuert werden, die besonders weich und leicht mahlbar sind. Ob es möglich sein wird, den Kraftverbrauch merklich herabzusetzen, bleibe dahingestellt. Da er mit steigender Ausmahlung schnell zunimmt, würden die wirtschaftlichen Aussichten von Staubfeuerungen sehr gehoben, wenn ein Kessel oder Brenner auch gröberen Kohlenstaub selbst unter einer gewissen Einbuße des Wirkungsgrades der Verbrennung verarbeiten würde. Die Amerikaner geben als wirtschaftliche Grenze von Staubfeuerungen einen täglichen Kohlenmindestverbrauch von 100 bis 120 t an, was mit unseren Ermittlungen etwa übereinstimmt. Ein allgemeines Urteil darüber, ob Staubfeuerungen für Dampfkesselbetriebe die jetzige Kohlennot zu mildern versprechen, kann schon mit Rücksicht auf die ungeklärte Preislage nicht gefällt werden, eine wesentliche Rolle werden sie in diesem Zusammenhang aber voraussichtlich nicht spielen. Wenngleich es nicht ganz ohne Bedenken ist, in einer Zeit, wo auf die Versorgung mit einer bestimmten Kohlensorte nicht gerechnet werden kann, einen Versuch in größerem Maßstab zu wagen, so ist es doch ziemlich sicher, daß in gewissen Fällen trotzdem auch heute der Einbau von Staubfeuerungen sich lohnen würde.

2. **Eignung von Staubfeuerungen für verschiedene Brennstoffe.** Einer der hauptsächlichsten Gründe für die Einführung von Staubfeuerungen, nämlich die Absicht, sehr aschenreiche Kohle befriedigend verfeuern zu können, hat heute nicht mehr ganz die einstige Bedeutung, da inzwischen mechanische Roste auf den Markt gekommen sind, die früher fast wertlose Brennstoffe befriedigend verarbeiten. Trotzdem ist es für die allgemeine Brauchbarkeit von Staubfeuerungen äußerst wichtig, daß der Kreis der brauchbaren Brennstoffe ein möglichst weiter wird. Der Umstand, daß über die Eigenschaften amerikanischer Kohlen im Vergleich zu deutschen und darüber, was die Amerikaner unter einer für Roste brauchbaren Kohle verstehen, ein Urteil äußerst schwierig ist, empfiehlt vorsichtige Bewertung amerikanischer Ansichten und Erfahrungen. Gewisse Einzelheiten an amerikanischen, selbsttätigen Rosten lassen vermuten, daß nordamerikanische Kohlen im allgemeinen „gutartiger" als deutsche sind, bzw. daß die Amerikaner manche Brennstoffe als ungeeignet für Roste ansehen, die hier als durchaus brauchbar gelten. In Kapitel III wurde gezeigt, daß die Verfeuerung von Kohlenstaub grundsätzlich denselben Gesetzen unterworfen ist wie Stückkohle. Daraus folgt, daß im großen und ganzen, wenn auch in etwas gemilderter Form, die Eignung einer Kohle für Staubfeuerungen

ähnlich wie bei Rosten zu beurteilen ist. Kohle, deren Gehalt an flüchtigen Bestandteilen unter einem bestimmten Betrag liegt, kann unvermischt in Staubfeuerungen noch nicht verbrannt werden.

Gaskoks und Gaskoksgruß ließen sich bisher ohne Zusatz gasreicher Kohle in Staubfeuerungen befriedigend nicht verarbeiten. Erfahrungen über ihre Verbrennung in Mischung mit Steinkohlen wurden noch nicht bekannt gegeben. Aschenkammerlösche von Lokomotiven mit Kohle gemischt wurde in den Anlagen der Missouri, Kansas and Texas Railway Co. verbrannt.

Anthrazitkohle ist nach einem Bericht der International Railway Fuel Association mit Erfolg ohne Zusatz bituminöser Kohle unter Dampfkesseln verfeuert worden. Anthrazit mit 8,3 v. H. flüchtigen Bestandteilen wurde unvermischt auf Lokomotiven verbrannt, Beimischung bituminöser Kohle stellte sich aber als empfehlenswert heraus. Auf einer Lokomotive der Delaware and Hudson River Railway Co. wird im regelmäßigen, schweren Dienst eine Gemisch von 60 v. H. Pennsylvania Gaskohle und 40 v. H. Anthrazit der in Zahlentafel 18 angegebenen Zusammensetzung und Ausmahlung anstandslos verfeuert.

Zahlentafel 18.

Kohlensorte		Pennsylvania-Anthrazit			Pennsylvania-Gaskohle		
Zusammensetzung im Mittel:							
Wasser	v. H.	0,50			0,50		
Gasförmige Bestandteile	,,	8,30			33,00		
Fixer Kohlenstoff	,,	72,09			57,50		
Asche	,,	12 bis 22			9,0		
Schwefel	,,	0,66 bis 1,97			2,0		
Heizwert	WE kg	6660			7620		
Ausmahlung:							
1550/cm² Maschensieb	v. H.	98,7	100,0	99,7	98,1	100,0	98,5
3100/cm² ,,	,,	75,3	85,6	92,4	77,0	86,5	89,4

In Pennsylvania werden jährlich etwa 70 Millionen t Anthrazit gefördert. 8 v. H. dieser Menge sind Abfallkohle, die infolge ihrer Eigenart (siehe Zahlentafel 19) auf keinem Roste befriedigend brennt.

Der in Zahlentafel 19 gekennzeichnete Anthrazit wurde in einem Bergwerk im Scranton-Bezirk (Pennsylvania) 2 Jahre lang befriedigend verfeuert, indem man ihn in der üblichen Weise aufbreitete und auf:

80 v. H. auf ein Sieb von 3100 Maschen/cm²

ausmahlte.

Anthrazit und Koks nutzen infolge ihrer großen Härte die Mühlen schneller ab als gasreiche Kohle. Die Susquehanna Colleries Co., Lykens, soll Anthrazitstaub mit einem Aschengehalt bis 40 v. H. mit 80 v. H. Wirkungsgrad verfeuern. Eine Mitteilung, laut

Zahlentafel 19.

Zusammensetzung von Pennsylvania-Anthrazitabfall (trocken):

Gasförmige Bestandteile	v. H.	6,0
Fixer Kohlenstoff	„	70,0
Asche	„	24,0
Wassergehalt des Rohanthrazits	„	8 bis 30
Siebdurchfall (Sieb mit runden Maschen):		
4,8 bis 8,0 mm Durchmesser	„	2
1,6 „ 4,8 „ „	„	8
1,6 mm Durchmesser	„	90

der Anthrazitstaub mit nur 2,5 v. H. flüchtigen Bestandteilen und 20 bis 30 v. H. Asche mit 80 v. H. Wirkungsgrad verbrannt worden ist, wird berechtigtem Zweifel begegnen.

Bituminöse Kohle ist in fast jeder beliebigen Zusammensetzung für Staubfeuerungen geeignet. Aschengehalte bis zu 40 v. H. beeinträchtigen die Verbrennung nicht. Die wirtschaftliche Verwertung so aschenreicher Kohlen in Staubfeuerungen hängt lediglich davon ab, ob die Mahlkosten im Vergleich zu den erzielbaren Vorteilen nicht zu hoch werden. Hierbei spielt auch die Härte bzw. Mahlbarkeit der Kohle eine Rolle, allgemein gültige Regeln lassen sich nicht aufstellen. Für Kohlen mit viel Steinen sind unter Umständen Verbundmühlen vorteilhaft, da dann nach der Vorschrotung in der ersten Kammer ein Teil der Steine aussortiert werden kann und nicht weiter vermahlen zu werden braucht. Je gasreicher Kohle ist, um so besser eignet sie sich auch für Staubfeuerungen und um so geringere Ansprüche werden an ihre Ausmahlung gestellt. In einer amerikanischen Anlage sollen mit demselben Brenner folgende Brennstoffe gut verfeuert worden sein:

Halbanthrazit	7000 WE/kg	Heizwert
Steinkohle	7000 „	„
Braunkohle	4900 „	„

Aus diesem Umstand zieht der englische Berichterstatter den Schluß, Staubfeuerungen seien wesentlich weniger von der Kohlenbeschaffenheit abhängig als Roste. Diese Folgerung ist nicht stichhaltig, da obige drei Brennstoffarten auch unschwer auf demselben Wanderrost verfeuert werden könnten. Trotzdem wird bei Staubfeuerungen die Brennstoffbeschaffenheit tatsächlich eine kleinere Rolle als bei Rosten spielen. Im übrigen lassen sich Brenner auf einfache Weise durch andere, für den jeweiligen Brennstoff geeignete ersetzen oder entsprechend umstellen.

Braunkohle und Lignite sind gleichfalls für Staubfeuerungen gut geeignet, falls nicht zu hoher Wassergehalt ihrer Verwendung entgegensteht. Sie brauchen nur auf 5 bis 7 v. H. Wassergehalt getrocknet zu werden, sind leicht mahlbar und greifen die Mühle fast gar nicht an. Man kann annehmen, daß die Leistung einer Mühle bei Braunkohle das Zwei- bis Dreifache, der Kraftbedarf rund $^1/_2$ bis $^1/_3$ der Werte bei Steinkohle ist. Während die wirtschaftliche Verfeuerung von Rohbraunkohle auf Rosten oft große Aufmerksamkeit verlangt, verbrennt in Staubfeuerungen getrocknete und gemahlene Braunkohle ebenso einfach wie Steinkohle. Bei Torf liegen die Verhältnisse ähnlich. Bei längerer Lagerung an freier Luft zerfällt Torf zu feinem Pulver und kann dann auf Rosten nicht mehr verfeuert werden; dieser Nachteil fällt bei Staubfeuerungen weg. Da Rohtorf bis zu 90 v. H. Wasser enthält, muß er an der Luft vorgetrocknet werden, bevor er den Trocknern in der Aufbereitungsanlage zugeführt wird. Torf wird mit bituminöser Kohle gemischt in Staubfeuerungen auf den schwedischen Staatsbahnen seit einigen Jahren mit Erfolg verfeuert. Bei Torf, Braunkohle und anderen leicht zündenden Kohlen genügt gröbere Ausmahlung

Auch Hartpech kann in geeigneten Mühlen zerpulvert werden. Um zu starke Erwärmung zu vermeiden, durch die es erweichen würde, wird Hartpech mit Vorteil in zwei Mühlen stufenweise zermahlen. Die Barret Co. hat eine Maschine durchgebildet, die mittels Zentrifugalkraft Hartpech äußerst fein zerstäubt.

b) Wettbewerb zwischen der Verarbeitung von Kohle in Nebenproduktenanlagen und ihrer Verbrennung in Staubfeuerungen.

Die Fragestellung, ob Kohle in Nebenproduktenanlagen verarbeitet oder in Staubfeuerungen verbrannt werden soll, ist nach Ansicht des Verfassers in dieser Form falsch und unfruchtbar.

Wo eine Kohle gute Ausbeute an Nebenprodukten verspricht und wo genügend große, konstante Belastung vorhanden ist, empfiehlt sich bei guter Marktlage ihre Verarbeitung auf Nebenerzeugnisse. Die wirtschaftliche Grenze gegen ihre unmittelbare Verfeuerung kann sich lediglich etwas zugunsten letzterer verschieben, wenn Staubfeuerungen wirtschaftlicher als Roste arbeiten. Staubfeuerungen können aber u. U. Anlagen für Tieftemperaturverkokung sehr vorteilhaft ergänzen.

Zweck der Tieftemperaturverkokung ist die Gewinnung eines hochwertigen, unzersetzten Teeres. Die Rohkohle wird in Drehretorten (Verfahren von Thyssen) bei etwa 500° C trocken destilliert. Bei Entgasung von Gasflammförderkohle im Drehofen werden nach Dr. Roser aus 1 t Rohkohle gewonnen:

Zahlentafel 20.

Wasserfreier Teer	rd. 10 v. H.	100 kg
Ungereinigte Leichtöle bis 200° Siedegrenze	3 v. H.	30 „
Halbkoks nach Abzug der für die Beheizung des Drehofens nötigen Wärme	rd. 65 v. H.	650 „
Destillationsgase bis 9000 WE/m³, im Mittel 7000 WE/m³ Heizwert		150 m³
Wärmewirtschaftlicher Wirkungsgrad der Schwelerei		90 v. H.

Halbkoks, soll bis 12 v. H. flüchtige Bestandteile enthalten, mechanisch wenig widerstandsfähig sein und sehr leicht und rauchlos verbrennen. Geringe Härte der Halbkoks käme ihrer Zermahlung zu statten, die durch den Wegfall besonderer Trockner weiter vereinfacht und verbilligt wird. Die Nebenproduktenanlage wird so bemessen, daß das erzeugte Gas den Wärmebedarf bei konstanter Belastung gerade deckt. Ein Teil der während der Schwachlastperiode anfallenden Halbkoks wird zermahlen und bei höherer Belastung in Staubfeuerungen gegebenenfalls in denselben Brennern wie das Gas verbrannt, indem dann das Pulver im Gas- statt im Luftstrom in den Brenner geblasen wird. Auf diese Weise könnten Schwelanlagen in Verbindung mit Elektrizitätswerken nicht selten erst lebensfähig werden, da auch in Zeiten, wo das erzeugte Gas nicht ausreicht, die Verbrennung von Rohkohle vermieden und der pulverisierte Halbkoks unter denselben Kesseln wie das Destillationsgas nach Ausführung weniger Handgriffe verbrannt werden könnte. Der Wegfall besonderer Kessel mit Rosten würde den Betrieb außerordentlich vereinfachen. Die Aufbereitungskosten für pulverisierte Halbkoks werden infolge ihrer leichten Mahlbarkeit und ihrer vollkommenen Trockenheit schätzungsweise um 15 bis 30 v. H. niedriger als bei Rohkohle ausfallen. Die Vorteile einer Kombination zwischen Schwelanlagen und Staubfeuerungen könnten der Verarbeitung von Rohkohle in Schwelretorten manchmal einen wesentlichen Vorsprung vor der Vergasung in Generatoren unter gleichzeitiger Gewinnung der Nebenprodukte geben.

Verbindung großer Kohlenmühlen mit Tieftemperaturverkokungsanlagen und Versendung von Halbkokspulver oder trockener Halbkoks in Spezialwagen verspricht für die Brennstoffversorgung vieler Industrien, besonders aber für diejenige von Lokomotiven und vielleicht auch von Schiffen große Bedeutung zu erlangen und Nebenproduktanlagen in vielen Fällen eine ergiebige Einnahmequelle zu erschließen.

IX. Ausblick.

Das in der Geschichte der Technik immer wieder beobachtete unvermutete Auftauchen wichtiger Neuerungen, das plötzlich die scheinbar völlig gesicherten Aussichten einer Maschine oder Betriebsweise von Grund aus umändert, mahnt zur Vorsicht bei Beurteilung der Weiterentwicklung von Staubfeuerungen. Vorsicht empfiehlt sich um so mehr, weil bisher mit Staubfeuerungen immerhin nicht viele Erfahrungen vorliegen und weil die im Betrieb befindlichen Anlagen klein sind und in einem fernen Lande stehen, dessen besondere Verhältnisse und Arbeitsbedingungen von hier aus nicht ganz zuverlässig eingeschätzt werden können. Die große Tatkraft, die die Amerikaner auf diesem schwierigen Gebiete bewiesen haben und der Wagemut, mit dem sie die Einführung von Kohlenstaubfeuerungen in Dampfkesselbetriebe anfaßten, sprechen dafür, daß sie nicht auf halbem Wege stehenbleiben werden. An dieser Entwicklung tätigen Anteil zu nehmen, liegt im Interesse der deutschen Industrie. Die unerhörte Brennstoffnot, die Schwierigkeiten in der Beschaffung guter Heizer für Rostfeuerungen und die technischen, wirtschaftlichen und hygienischen Vorteile einer weitgehenden Mechanisierung von Dampfkesselbetrieben sollten ein Ansporn sein, Versäumtes nachzuholen, Bewährtes zu übernehmen und durch eigene Forschungen und Arbeiten die Einführung von Staubfeuerungen für die Beheizung von Dampfkesseln nach Kräften zu fördern. Vorliegende Studie versuchte, aus den über Staubfeuerungen veröffentlichten Mitteilungen die Hauptgesichtspunkte herauszuschälen und auf Grund von Versuchen an einem Kessel mit Kohlenstaubfeuerung und vielfacher, an Kesseln mit Rosten der verschiedenartigsten Bauart und Betriebsweise gewonnener Erfahrungen einige Winke für den Bau von kohlenstaubgefeuerten Dampferzeugern zu geben. Einer ihrer Hauptzwecke ist ferner neben der Aufzeigung wichtiger und wesentlicher Zusammenhänge eine Warnung an Unberufene, sich ohne Sachkenntnis und ohne die erforderlichen Mittel auf das schwierige Gebiet zu wagen. Einbuße an Geld und Schädigung eines aussichtsvollen Zweiges der Technik wären die Folgen. Auch das Heer geschäftiger „Erfinder“ und Projektenmacher kann der Entwicklung nur schaden. Bei Tatkraft, Umsicht und Können werden aber Erfolge kaum ausbleiben, wenngleich die Aussichten, wenigstens vorläufig, nicht so groß sind, wie häufig angenommen wird.

Solange kein für alle Zwecke und jede Betriebsweise geeigneter Dampferzeuger gefunden ist, sollte sich die Weiterentwicklung nach Ansicht des Verfassers in der Richtung bewegen, daß neben Kesseln, die mehr für Dauerbelastung geeignet und ähnlich gebaut sind wie neuzeitliche Wasserrohrkessel für mechanische Roste eine Sonderbauart durchgebildet wird, die schnelles Anheizen ermöglicht und sehr schmiegsam ist. Bei diesem Kesseltyp käme es nicht so sehr auf höchsten Wirkungsgrad bei Vollast als auf Unempfindlichkeit gegen schroffen Temperaturwechsel, schnellste Betriebsbereitschaft und große Einfachheit an. Ob dieser Kessel ähnlich dem Bettington-Kessel eine besondere Mühle erhält, ist nicht von ausschlaggebender Bedeutung. Es ist wohl denkbar, daß von derselben zentralen Mahlanlage zwei Arten von Dampfkesseln versorgt werden: ein ausgesprochener „Spitzenkessel“ und ein, für den Dauerbetrieb geeigneter, den bekannten Wasserrohrkesseln ähnlicher Dampferzeuger. In wiefern es gelingen wird, normale Wasserrohrkessel für schnelles Anheizen überhaupt brauchbar zu gestalten, bleibe dahingestellt, einfach wird die Aufgabe nicht sein.

Ferner sollte man versuchen, Kessel und Brenner so zu bauen, daß wenigstens ein kleiner Prozentsatz gröberer Kohlenteilchen noch gut verbrennt. Man könnte auch vielleicht daran denken, nach dem Anzünden des Brenners feinstes Kohlenpulver nur so lange zu verwenden, bis tadellose Verbrennung erfolgt, um dann zu etwas gröberem Korn überzugehen. Bei Werken mit ausgesprochener Spitzenbelastung wird es sich mit Rücksicht auf billige Anlagekosten empfehlen, die Mühlenleistung nach der mittleren Werksbelastung zu bemessen und die Mühlen dauernd laufen zu lassen. Um die gemahlene Kohle stapeln zu können, müssen solche Werke Trockner haben. Viele Werke, die nur zur Reserve dienen oder nur wenig Stunden täglich im Betrieb sind, verwenden mit Vorteil dem Bettington-Kessel ähnliche Dampferzeuger. Zur sicheren Zündung feuchter Kohle könnten kleine Ölzusatzbrenner angeordnet werden, die so lange brennen, bis vorgewärmte Luft für die Mühlen zur Verfügung steht. Oft wird es sich auch lohnen, die annähernd konstante Belastung durch Kessel mit Rosten zu decken und nur für die Spitzen Staubfeuerungen heranzuziehen. Bei der Lösung der vielfältigen Aufgaben, die die Verbrennung von Kohlenstaub stellt und die nicht ohne Mühe und Enttäuschungen gefunden werden wird, sollten sich die Ingenieure aber immer drei im Dampfkesselbetrieb besonders wichtige Forderungen vor Augen halten:

Betriebssicherheit, Einfachheit, Wirtschaftlichkeit!

Literaturverzeichnis.

Benutzte und empfehlenswerte Literatur.

(Die Veröffentlichungen sind nach dem Jahre ihres Erscheinens geordnet.)

A. Bücher.

Wernicke, Friedrich. Die Fabrikation der feuerfesten Steine. Springer, Berlin 1905.

Aufhäuser, Dr. Vorlesungen über Brennstoffkunde. Boysen und Maasch, Hamburg 1910.

Haier, F. Dampfkessel-Feuerungen zur Erzielung einer möglichst rauchfreien Verbrennung. Springer, Berlin 1910.

Fischer, Franz. Gesammelte Abhandlungen zur Kenntnis der Kohle. Gebrüder Borntraeger, Berlin 1917.

Naske, Carl. Zerkleinerungsvorrichtungen und Mahlanlagen. Spamer, Leipzig 1918.

Harvey, L. C. Pulverised Coal Systems in America, Published for the Department of Scientific and Industrial Research by His Majestys Stationery Office, London 1919.

B. Zeitschriften.

I. Stahl und Eisen:

Bericht über feuerfeste Steine von Canaris, 1914.
Neuerungen in Kohlenstaubfeuerungen, 1915.
Bericht über feuerfeste Steine von Simmersbach, 1916.
Über feuerfeste Baustoffe, insbesondere Silikatsteine, 1918.
Bansen. Die Kohlenstaubfeuerung in Amerika, 1920.
Roser, Dr. E. Die Entgasung der Kohle im Drehofen, 1920.
Wernicke, Friedrich. Über Quarzite und Silikatsteine, 1920.

II. Zeitschrift des Vereins deutscher Ingenieure:

Guilleaume, Max. Die Wärmeausnutzung neuerer Dampfkraftwerke und ihre Überwachung, 1915.
Münzinger, Dr. Friedrich. Erfahrungen im Bau und Betrieb hochbeanspruchter Dampfkessel, 1916.
Ismitz, Zuschrift zu vorstehender Abhandlung, 1917.
Aufhäuser, Dr. Brennstoff und Verbrennungsvorgang, 1917.

III. Zeitschrift für Dampfkessel- und Maschinenbetrieb.

Hermanns. Über feuerfeste Baustoffe, 1917.
Einige Referate aus amerikanischen Zeitschriften über Kohlenstaubfeuerungen, 1918 und 1919.

IV. Feuerungstechnik.

Rohland. Brennprozeß der Tone und Kaoline, 1917.

V. Electrical World.

Anderson, J. Pulverized Coal in Central Stations, 1920.

VI. Electrician.
Atkinson, J. S. The Combustion of Powdered Fuel, 1919.
Harvey, L. C. Powdered Coal for Firing Boiler Plants, 1919.
Harvey, L. C. and Noble, E. E. Pulverised Coal in the Power Station, 1920.

VII. Electric Railway Journal.
Rau, O. R. Pulverized Fuel for Peak Loads, 1920.

VIII. Engineering.
The Use of Pulverised Coal, 1919.

IX. Iron Age.
A New Method of Burning Powdered Coal, 1918.
Burning Pulverized Coal in a Sheet Mill, 1919.

X. Power.
Anderson, J. Pulverized Coal under Central-Station Boilers, 1920.
Four-Day Test on Five Oneida Street Boilers Burning Pulverized Coal, 1920.
Rau, Pulverised Fuel for Peak Load Service in Railway Power Plants, 1920.
The New Lakeside Pulverized Coal Plant in Milwaukee, 1920.

C. Vorträge.

Hart-Davis, H. V. A Dust-Fuel Boiler and its Uses. Vortrag gehalten vor der Manchester Geological and Mining Society, 1912.

Hirsch, Dr. Bericht über die 32. Hauptversammlung deutscher Tonindustrieller.

Scheffler, F. A. Discussion of Pulverized Coal for Boilers. Vortrag gehalten vor der Association of Edison Illuminating Companies, New-London, 1919.

Barnhurst, H. G. Pulverized Coal for Steam Generation. Vortrag gehalten vor dem American Institute of Electrical Engineers, Baltimore, 1920.

Register.

GPSR Compliance

The European Union's (EU) General Product Safety Regulation (GPSR) is a set of rules that requires consumer products to be safe and our obligations to ensure this.

If you have any concerns about our products, you can contact us on ProductSafety@springernature.com

In case Publisher is established outside the EU, the EU authorized representative is:

Springer Nature Customer Service Center GmbH
Europaplatz 3
69115 Heidelberg, Germany

Batch number: 10683525

Printed by Printforce, the Netherlands